高等院校数字艺术设计系列教材

Premiere Pro CC

影视编辑剪辑制作 案例教程

刘晓宇 编著

U0284170

清華大學出版社

北京

内 容 简 介

本书通过43个经典案例,让读者循序渐进地掌握Adobe Premiere Pro CC软件的操作方法,以及编辑视频的各种技巧。

本书共分7章,第1章介绍制作流程、导入素材和输出文件的方法,第2章讲解素材编辑技巧,第3~5章讲解视音频效果的应用方法,第6章讲解文本和图形的操作方法,第7章为综合案例,介绍各种功能和命令的综合运用。通过大量案例,系统地讲解软件操作的方法和视频编辑的技巧,使读者增强学习兴趣,提高学习效率,从而提升软件操作能力和剪辑水平。

随书附赠案例素材、教学视频、工程文件和案例最终渲染输出的效果文件。其中教学视频长达330多分钟,可辅助读者学习,帮助读者快速提升制作能力。

本书封面贴有清华大学出版社防伪标签,无标签者不得销售。

版权所有,侵权必究。举报:010-62782989,beiqinquan@tup.tsinghua.edu.cn。

图书在版编目(CIP)数据

Premiere Pro CC影视编辑剪辑制作案例教程 / 刘晓宇 编著. —北京:清华大学出版社,2020.4(2024.8重印)
高等院校数字艺术设计系列教材
ISBN 978-7-302-53564-5

Ⅰ.①P… Ⅱ.①刘… Ⅲ.①视频编辑软件—高等学校—教材 Ⅳ.①TN94

中国版本图书馆CIP数据核字(2019)第179905号

责任编辑:李 磊 焦昭君
封面设计:王 晨
版式设计:孔祥峰
责任校对:牛艳敏
责任印制:曹婉颖

出版发行:清华大学出版社
   网   址:https://www.tup.com.cn,https://www.wqxuetang.com
   地   址:北京清华大学学研大厦A座   邮   编:100084
   社 总 机:010-83470000   邮   购:010-62786544
   投稿与读者服务:010-62776969,c-service@tup.tsinghua.edu.cn
   质 量 反 馈:010-62772015,zhiliang@tup.tsinghua.edu.cn
印 装 者:三河市铭诚印务有限公司
经   销:全国新华书店
开   本:185mm×260mm   印   张:11.5   字   数:302千字
版   次:2020年5月第1版   印   次:2024年8月第7次印刷
定   价:59.80元

产品编号:081293-01

Premiere是Adobe公司推出的一款影视编辑软件，专业、简洁、方便、实用是其突出的特点，广泛应用于影视、广告、包装等领域，并深受众多视频制作者和广大爱好者的青睐，是视频编辑相关从业者和爱好者必不可少的编辑工具。

作为一款易学、高效、精确的视频剪辑软件，Premiere提供了采集、剪辑、调色、美化音频、字幕添加、输出、DVD刻录的一整套流程，并和其他Adobe软件高效集成，完成用户在编辑、制作等工作流程上遇到的所有挑战，提升用户的创作能力和创作自由度，满足用户创建高质量作品的要求。

本书所使用的软件版本为Premiere Pro CC 2018。Adobe公司针对中国市场，官方也推出了简体中文版，所以本书将使用简体中文版Premiere Pro CC 2018进行讲解，这样方便广大读者学习和使用，也使读者更加容易接受软件操作方法。

本书通过43个案例、7个章节系统地讲解了视频剪辑的基础知识、软件操作界面、效果命令、制作方法等方面的内容。

第1章 基础操作，主要讲解视频制作的基础知识，包括制作视频的一般流程，导入和输出各种类型文件的方法，以及项目管理的一些技巧，使读者对视频制作的步骤和方法有初步的了解，方便以后章节的深入学习。

第2章 素材编辑，主要讲解素材编辑的一些方法，包括素材修改、自动匹配序列、视频变速、嵌套图片、各种剪辑素材和制作属性动画的方法，使读者掌握使用多个面板和多种方式对素材编辑修改的方法和技巧。

第3章 视频效果，主要讲解视频效果的使用方法，包括【色彩】、【分色】、【亮度与对比度】、【四色渐变】、【更改颜色】、【放大】、【球面化】、【边角定位】、【镜头光晕】、【光照效果】、【马赛克】和【裁剪】等视频效果的操作方法和技巧，使读者掌握颜色校正、视频抠像、图形变换等视频效果的应用方法。

第4章 视频过渡，主要讲解视频过渡效果的使用方法，包括【交叉溶解】、【页面剥落】、【划出】、【棋盘】、【渐变擦除】、【立方体旋转】、【渐隐为黑色】等视频过渡效果的操作方法和技巧。通过对多种视频过渡效果的熟悉和掌握，使读者可以根据画面内容选择合适的过渡效果。

第5章 音频效果，主要讲解音频效果和音频过渡效果的使用方法，包括【恒定增益】、【声道音量】、【平衡】、【音高换挡器】和【混响】等音频效果的操作方法和技巧，使读者掌握通过【基本声音】面板和【音轨混合器】面板等方式编辑声音的方法。

第6章 文本图形，主要讲解编辑文本和图形的方法，包括在【效果控件】面板、【基本图形】面板和旧版的【字幕】面板中编辑文本和图形的操作方法和技巧，使读者掌握滚动字幕、路径文字以及其他样式文本和图形的制作方法。

第7章 综合案例，主要讲解在实战案例中各种编辑方法和技巧的综合应用。通过电子相册、栏目包装和购物广告3种类型案例的综合讲解，将前6章所讲解的内容融会贯通，使读者掌握专业视频制作的方法和技巧。

本书具有以下鲜明的特点。

- **实践案例教学**。通过大量案例，系统地讲解软件操作的方法和视频编辑的技巧，使读者增强学习兴趣，提高学习效率，从而提升软件操作能力和剪辑水平。
- **语言通俗易懂，讲解清晰**。本书由具有多年教学和视频处理经验的专家编写完成，语言贴近读者的学习习惯。
- **图文并茂，流程详尽**。本书将制作流程步骤进行截图，以图片的形式展示，并对图中的关键点进行重点标注处理。
- **案例丰富，实战性强**。本书通过43个案例、7个章节系统地讲解了视频编辑方法。每一个案例都是作者多年实战经验的总结。
- **贴心的技巧提示**。在案例讲解中，会对一些内容进行扩充，或添加提示和技巧，以方便读者更好地了解所学内容，掌握操作技巧。
- **丰富的学习资源**。随书附赠案例素材、教学视频、工程文件和案例最终渲染输出的效果文件。长达330多分钟的教学视频，辅助读者学习，帮助读者快速提升制作能力。

本书由刘晓宇编著。由于编者水平所限，书中难免有疏漏和不足之处，敬请广大读者批评指正。

本书配套的立体化教学资源中提供了书中所有案例的素材文件、工程文件、效果文件、教学视频和PPT课件。读者在学习时可扫描下面的二维码，然后将内容推送到自己的邮箱中，即可下载获取相应的资源(注意：请将这两个二维码下的压缩文件全部下载完毕后，再进行解压，即可得到完整的文件内容)。

编　者

Premiere Pro CC | 目录

基础操作

本章主要讲解视频制作的基础操作。通过本章的学习，读者可以对视频制作的步骤和方法有一些初步的了解，以方便后续章节的学习。通过对6个案例的讲解，使读者掌握在Premiere Pro CC软件中制作视频的流程，导入和输出各种类型文件的方法，以及项目管理的一些应用技巧。

1.1 制作流程

工程文件：工程文件/第1章/1.1制作流程.prproj
视频教学：视频教学/第1章/1.1制作流程.mp4
技术要点：掌握视频制作的一般流程

1.1.1 案例思路

本案例主要简单介绍Premiere Pro CC软件编辑视频的一般流程，使读者对创建项目、导入素材、编辑素材、新建字幕、应用效果、设置动画和生成视频等基本操作有一个初步的认识。

1.1.2 制作步骤

1. 创建项目

STEP 1 启动Premiere Pro CC软件，在【开始】对话框中单击【新建项目】按钮，如图1-1所示。
STEP 2 在弹出的【新建项目】对话框中单击【浏览】按钮更改文件存储位置，在【名称】文本框中编辑文本为"1.1 制作流程"，然后单击【确定】按钮，如图1-2所示。
STEP 3 进入Premiere Pro CC软件的操作界面后，执行菜单【文件】>【新建】>【序列】命令，如图1-3所示。

提 示

新建序列的常用方法还有以下几种。

* 在【项目】面板的空白处右击，执行右键菜单中的【新建项目】>【序列】命令。
* 单击【项目】面板右下角的【新建项】按钮，然后执行【序列】命令。
* 使用键盘上的快捷键Ctrl + N。

图1-1

图1-2

图1-3

STEP 4 在弹出的【新建序列】对话框中选择【HDV】>【HDV 720p25】预设，可以设置【序列名称】，然后单击【确定】按钮，如图1-4所示。

STEP 5 执行菜单【文件】>【导入】命令，在【导入】对话框中选择素材，然后单击【打开】按钮，如图1-5所示。

图1-4

图1-5

提 示

导入素材的常用方法还有以下几种。

✹　双击【项目】面板的空白处，就可以显示【导入】对话框，以便导入素材。

✹　使用键盘上的快捷键Ctrl＋I，显示【导入】对话框。

✹　直接将资源管理器中的素材拖曳到【项目】面板中。

✹　使用【媒体浏览器】面板导入素材。

2.　编排素材

STEP 1 ▶ 使用【选择工具】，将【项目】面板中的素材文件依次拖曳至音视频轨道上，如图1-6所示。

◀ 图1-6

STEP 2 ▶ 激活【时间轴】面板，执行菜单【图形】>【新建图层】>【文本】命令，在【节目监视器】面板中设置文本内容为"岁月静好"，如图1-7所示。

STEP 3 ▶ 激活文本的【效果控件】面板，设置【字体】为"华文新魏"，【字体大小】为80，填充为(R:240,G:100,B:85)，【位置】为(130.0,280.0)，如图1-8所示。

◀ 图1-7

◀ 图1-8

STEP 4 ▶ 右击【时间轴】面板中的"图片02.jpg"素材，执行右键菜单中的【速度/持续时间】命令，如图1-9所示。

STEP 5 ▶ 在弹出的【剪辑速度/持续时间】对话框中设置【持续时间】为00:00:04:00，单击【确定】按钮，如图1-10所示。

图1-9　　　　　　　　　　　　　　　图1-10

STEP 6 将音频轨道中的素材出点与视频轨道中的素材
对齐，如图1-11所示。

3. 应用效果

STEP 1 将【效果】面板中的【视频效果】>【透视】>
【投影】效果拖曳至"岁月静好"文本上，如图1-12
所示。

图1-11

图1-12

提 示

选中素材后，双击视频效果，即可为选择的素材添加效果。

STEP 2 将【效果】面板中的【视频过渡】>【擦除】>【划出】效果，拖曳至"图片01.jpg"和
"图片02.jpg"素材之间的位置，如图1-13所示。

STEP 3 双击【划出】效果，在弹出的【设置过渡持续时间】对话框中设置【持续时间】为
00:00:02:00，如图1-14所示。

图1-13

图1-14

STEP 4 选择音视频轨道素材的出点，执行右键菜单中的【应用默认过渡】命令，如图1-15所示。

STEP 5 制作动画。激活"图片02.jpg"素材的【效果控件】面板，将【当前时间指示器】移动到00:00:04:01位置，打开【位置】和【缩放】的【切换动画】按钮，设置【位置】为(640.0,360.0)，【缩放】为100.0。

STEP 6 将【当前时间指示器】移动到00:00:09:00位置，设置【位置】为(950.0,200.0)，【缩放】为150.0，如图1-16所示。

图1-15

图1-16

4. 输出视频

STEP 1 激活【时间轴】面板，然后执行菜单【文件】>【导出】>【媒体】命令。

STEP 2 在弹出的【导出设置】对话框中设置【格式】为"H.264"，单击【输出名称】中的文件名称，在弹出的【另存为】对话框中可以重新设置文件名和存储路径，确认后单击【导出】按钮，如图1-17所示。

图1-17

STEP 3 查看最终视频效果，如图1-18所示。

◀ 图1-18

1.1.3 技术总结

通过本案例的制作，相信读者对视频制作有了初步的认识。但不是每次制作视频都会使用到这些过程，要根据项目要求具体分析，根据项目需求合理使用操作内容和顺序。

例如，在本案例中先为两个图片文件添加过渡效果，然后再设置运动动画关键帧。这样在设置关键帧时，就可以直接为"图片02.jpg"素材的过渡部分设置运动动画。这样的操作减少了二次调整关键帧的步骤，也使视频画面衔接更加流畅。

1.2 导入素材

工程文件：工程文件/第1章/1.2导入素材.prproj
视频教学：视频教学/第1章/1.2导入素材.mp4
技术要点：掌握导入各种类型素材的方法

1.2.1 案例思路

本案例主要介绍导入各种类型素材的方法。Premiere Pro CC软件是一款非常专业的视频剪辑软件，而剪辑的前提就是选择合适的素材。能够支持的文件格式越多，意味着可以选择的素材也就越丰富。这里就通过模拟电视机选台切换的方式，将多种常用格式的素材导入案例中。

1.2.2 制作步骤

1. 创建项目 ✍

STEP 1 新建项目和【HDV 720p25】预设序列，设置【序列名称】为"序列01"，如图1-19所示。

STEP 2 双击【项目】面板的空白处，执行导入操作，如图1-20所示。

图1-19

图1-20

2. 导入PSD素材

STEP 1 在弹出的【导入】对话框中查找素材路径，选择所要导入的"PSD图片"素材文件，然后单击【打开】按钮，如图1-21所示。

STEP 2 在弹出的【导入分层文件】对话框中选择【各个图层】选项，并选择所要导入的图层，然后单击【确定】按钮，如图1-22所示。

图1-21

图1-22

提示

将单个图层作为单个素材导入时，【项目】面板中该素材的名称包含图层名称后接原始文件名，如"背景/PSD图片.psd"。

3. 导入序列素材

STEP 1 继续导入序列素材。双击【项目】面板的空白处，在弹出的【导入】对话框中查找素材路径，并检查文件名称，如图1-23所示。

STEP 2 在【导入】对话框中勾选【图像序列】选项，选择首个编号素材文件"序列000.jpg"，然后单击【打开】按钮，如图1-24所示。

图1-23

图1-24

4. 导入素材文件夹

双击【项目】面板的空白处，在弹出的【导入】对话框中选择所要导入的文件夹素材，然后单击【导入文件夹】按钮，如图1-25所示。

5. 导入其他格式素材

继续双击【项目】面板的空白处，在弹出的【导入】对话框中选择"电视.png""视频.mp4""图片.jpg"和"音效.wav"素材文件，然后单击【打开】按钮，如图1-26所示。

图1-25

图1-26

6. 编排素材

STEP 1 将导入【项目】面板中的素材依次拖曳到【时间轴】面板的视频轨道V1～V5上，如图1-27所示。

◀ 图1-27

STEP 2 将【当前时间指示器】移动到00:00:02:00位置，然后选择序列中所有素材的出点，执行菜单【序列】>【将所选编辑点扩展到播放指示器】命令，如图1-28所示。

◀ 图1-28

STEP 3 依次选择【项目】面板中的"文件夹素材""图片.jpg""视频.mp4"和"序列000.jpg"素材，将它们拖曳到序列中，如图1-29所示。

◀ 图1-29

STEP 4 将序列中"视频.mp4"素材的出点调整到00:00:32:00位置，如图1-30所示。

STEP 5 选择序列中的"图片01.jpg"～"图片04.jpg"和"图片.jpg"素材，执行右键菜单中的【速度/持续时间】命令。

STEP 6 在弹出的【剪辑速度/持续时间】对话框中设置【持续时间】为00:00:02:00，单击【确定】按钮，如图1-31所示。

图1-30

图1-31

STEP 7 在序列素材的间隙处执行右键菜单中的【波纹删除】命令，如图1-32所示。

STEP 8 将"音效.wav"素材分别添加到音频轨道A2的00:00:01:20、00:00:09:20、00:00:11:20和00:00:16:20位置，如图1-33所示。

图1-32

图1-33

7. 电视效果

STEP 1 新建序列。执行菜单【文件】>【新建】>【序列】命令，在【新建序列】对话框中设置【序列名称】为"序列02"，如图1-34所示。

STEP 2 将【项目】面板中的"序列01"作为素材，拖曳到【时间轴】面板的"序列02"中，如图1-35所示。

STEP 3 将"电视.png"素材拖曳到视频轨道V2上，并将出点与视频轨道V1上的素材对齐，如图1-36所示。

STEP 4 激活序列中"序列01"素材的【效果控件】面板，设置【位置】为(610.0,273.0)，【缩放】为63.0，如图1-37所示。

图1-34

图1-35　　　　　　　　　　　　图1-36　　　　　　　　　图1-37

STEP 5 在【节目监视器】面板中查看最终画面效果，如图1-38所示。

图1-38

1.2.3　技术总结

通过本案例的制作，相信读者对导入各种常用类型的素材有了一定的经验。本案例使用的常见类型的素材有图片、音频、视频、分层图片、序列图片，应用到".jpg"".png"".psd"".wav"和".mp4"格式。当然Premiere软件还可以导入许多其他格式，具体的可以从【导入】对话框中的【所有支持的媒体】列表中查找。

在本案例中，需要注意".psd"格式导入后，每个图层可以单独成为素材，也可以合并到一起，还可以单独选择导入的图层素材。序列素材对序列文件名称的规范程度要求较高，在导入时需注意勾选【图像序列】选项。可以选择导入文件夹，这样文件夹中的素材就会一起导入项目中。

1.3　输出图片

工程文件：工程文件/第1章/1.3输出图片.prproj
视频教学：视频教学/第1章/1.3输出图片.mp4
技术要点：掌握输出图片的方法

1.3.1 案例思路

本案例主要介绍将项目中的图像输出成单帧和序列图片的方法。输出文件是制作的最后环节，也是非常重要的环节。本案例通过将视频素材的图像输出成单帧或序列图片，使读者掌握输出图片的方法。

1.3.2 制作步骤

1. 创建项目

STEP 1 新建项目和【HDV 720p25】预设序列。

STEP 2 双击【项目】面板的空白处，在弹出的【导入】对话框中导入"视频.mp4"素材文件，如图1-39所示。

STEP 3 将【项目】面板中的"视频.mp4"素材拖曳到序列中。在弹出的【剪辑不匹配警告】对话框中单击【保持现有设置】按钮，如图1-40所示。

◁ 图1-39

◁ 图1-40

2. 输出单帧

STEP 1 将【当前时间指示器】移动到00:00:08:00位置，然后执行菜单【文件】>【导出】>【媒体】命令，如图1-41所示。

> **提示**
>
> 激活有素材的面板，才可以打开【导出设置】对话框。

STEP 2 在弹出的【导出设置】对话框中设置【格式】为JPEG，单击【输出名称】里的文件名称，选择文件的输出位置，设置名称为"单帧01"，在【视频】选项卡中取消勾选【导出为序列】选项，最后单击【导出】按钮即可，如图1-42所示。

图1-41

图1-42

STEP 3 将【当前时间指示器】移动到00:00:04:00位置，然后单击【节目监视器】面板中的【导出帧】按钮，如图1-43所示。

STEP 4 在弹出的【导出帧】对话框中设置【名称】为"单帧02"，【格式】为JPEG，最后单击【确定】按钮即可，如图1-44所示。

图1-43

图1-44

3. 输出序列帧

STEP 1 在弹出的【导出设置】对话框中设置【格式】为JPEG，单击【输出名称】里的文件名称，选择文件的输出位置，设置名称为"序列"，在【视频】选项卡中勾选【导出为序列】选项，最后单击【导出】按钮即可，如图1-45所示。

STEP 2 在资源管理器中查看输出的文件，如图1-46所示。

图1-45　　　　　　　　　　　　　　　　 图1-46

| 1.3.3　技术总结　🔍　　　　　　　　　　➡

　　通过本案例的制作，读者应该已经掌握了输出单帧的两种方法和输出序列图片的方法了。【导出帧】命令会比正常的输出便捷一些，但文件尺寸无法更改，只可以依据序列尺寸。而常规的输出可选项多，能够满足多种制作要求。

　　输出单帧图片或序列图片，主要取决于是否勾选【导出为序列】选项。所以，在制作时一定要注意选项的勾选与否，以免浪费宝贵的渲染时间。

1.4　输出音频

工程文件：工程文件/第1章/1.4输出音频.prproj
视频教学：视频教学/第1章/1.4输出音频.mp4
技术要点：掌握输出音频文件的方法

| 1.4.1　案例思路　🔍　　　　　　　　　　➡

　　本案例主要介绍将项目中的声音导出成音频文件的方法，通过将视频素材的声音输出成常用的音频格式，使读者掌握输出音频文件的方法。

1.4.2 制作步骤

1. 创建项目

STEP 1 新建项目和【HDV 720p25】预设序列。

STEP 2 双击【项目】面板的空白处，导入"视频.mp4"素材文件。

STEP 3 将【项目】面板中的"视频.mp4"素材拖曳到序列中。

2. 输出音频文件

STEP 1 激活【时间轴】面板，然后执行菜单【文件】>【导出】>【媒体】命令。

STEP 2 在弹出的【导出设置】对话框中设置【格式】为"AAC音频"，【预设】为"立体声AAC，48kHz256kbps"，单击【输出名称】里的文件名称，选择文件的输出位置，最后单击【导出】按钮即可，如图1-47所示。可以在【音频】选项卡中看到参数变化或设置参数。

STEP 3 继续打开【导出设置】对话框，设置【格式】为MP3，【预设】为"MP3 256kbps 高品质"，单击【输出名称】里的文件名称，选择文件的输出位置，最后单击【导出】按钮即可，如图1-48所示。

图1-47

图1-48

STEP 4 继续打开【导出设置】对话框，设置【格式】为"波形音频"，在【音频】选项卡中，设置【基本音频设置】下的【样本大小】为"32位"，最后单击【导出】按钮即可，如图1-49所示。

> 提示
>
> 【波形音频】输出的是".wav"格式。

STEP 5 在资源管理器中查看输出的文件，如图1-50所示。

◀ 图1-49

◀ 图1-50

1.4.3 技术总结

通过本案例的制作，读者应该已经掌握了输出音频文件的方法。常用的音频格式有".wav"".mp3"".wma"和".acc"等。而不同格式在输出时，可以选择的细节参数也各不相同，选择合适的属性参数可以更加有效地满足制作需求。

例如，在输出MP3格式时，如果对音质要求不高，就可以选择128 kbps低音频比特率，这样可以更加快速输出，文件也较小。但是如果对音质有较高要求，就需要输出256 kbps，或更高的音频比特率，这样才可以保证声音质量。

1.5 输出视频

工程文件：工程文件/第1章/1.5输出视频.prproj
视频教学：视频教学/第1章/1.5输出视频.mp4
技术要点：掌握输出视频文件的方法

1.5.1　案例思路

本案例主要介绍项目制作完成后输出视频的方法，通过将序列图片素材和音频素材在项目中合成，然后再输出成不同格式的视频文件，以便使读者掌握输出视频文件的方法。

1.5.2　制作步骤

1. 创建项目

STEP 1 新建项目和【HDV 720p25】预设序列。

STEP 2 双击【项目】面板的空白处，导入"序列000.jpg"序列素材文件和"序列.mp3"音频素材文件，如图1-51所示。

STEP 3 将【项目】面板中的"序列000.jpg"序列素材文件和"序列.mp3"音频素材文件拖曳到序列中，如图1-52所示。

◄ 图1-51

2. 输出AVI格式视频

STEP 1 激活【时间轴】面板，执行菜单【文件】>【导出】>【媒体】命令。

STEP 2 在弹出的【导出设置】对话框中设置【格式】为AVI，单击【输出名称】里的文件名称，设置文件名为"赛车"，选择文件的输出位置，如图1-53所示。

◄ 图1-52

◄ 图1-53

STEP 3 在【视频】选项卡中，设置【视频编解码器】为None，将【基本视频设置】的【选择在调整大小时保持帧长宽比不变】取消链接，【宽度】为1280，【高度】为720，【帧速率】为25，【场序】为"逐行"，【长宽比】为"方形像素(1.0)"，如图1-54所示。

STEP 4 在【音频】选项卡中设置【采样率】为48000Hz，如图1-55所示。最后单击【导出】按钮，输出AVI格式影片。

3. 输出MPEG格式视频

STEP 1 继续执行菜单【文件】>【导出】>【媒体】命令，在弹出的【导出设置】对话框中设置【格式】为MPEG2，【预设】为"HD 720p 25"，单击【输出名称】里的文件名称，设置文件名为"赛车"，选择文件的输出位置，如图1-56所示。

◀ 图1-54

◀ 图1-55

◀ 图1-56

STEP 2 检查【视频】选项卡中的【基本视频设置】，【宽度】为1280，【高度】为720，【帧速率】为25，【场序】为"逐行"，【长宽比】为"宽屏 16:9"，如图1-57所示。

STEP 3 在【音频】选项卡中设置【采样率】为48000Hz，如图1-58所示。最后单击【导出】按钮，输出MPEG2格式影片。

◀ 图1-57

◀ 图1-58

4. 输出MP4格式视频

STEP 1 继续执行菜单【文件】>【导出】>【媒体】命令，在弹出的【导出设置】对话框中设置【格式】为H.264，【预设】为"High Quality 720p HD"，单击【输出名称】里的文件名称，设置文件名为"赛车"，选择文件的输出位置，如图1-59所示。

STEP 2 检查【视频】选项卡中的【基本视频设置】，【宽度】为1280，【高度】为720，【长宽比】为"方形像素(1.0)"，如图1-60所示。

◀ 图1-59

5. 查看输出文件

在资源管理器的文件夹中查看输出文件，如图1-61所示。

图1-60

图1-61

1.5.3 技术总结

通过本案例的制作，读者应该已经掌握了输出视频文件的方法。常用的视频格式有".avi"".mp4"和".mpg"等。不同的格式所选用的视频编码方式也不同，所以在输出时需要谨慎选择，以便保证画面质量、画面大小、文件大小等。

例如，在输出AVI格式时，【预设】默认为PAL DV，图像的像素不是方形像素，所以画面高度会变低，可能无法满足制作要求。因此在视频输出时，需要认真检查输出格式的参数设置。

1.6 项目管理

工程文件：工程文件/第1章/1.6项目管理.prproj
视频教学：视频教学/第1章/1.6项目管理.mp4
技术要点：掌握管理项目文件的方法

1.6.1 案例思路

本案例主要介绍管理项目文件的方法，只使用【项目】面板中的部分素材，这样可以使读者掌握快速移除不使用素材的方法，然后学习将项目整理打包的方法。

1.6.2 制作步骤

1. 创建项目

STEP 1 新建项目和【HDV 720p25】预设序列。

STEP 2 双击【项目】面板的空白处，导入"图片01.jpg"～"图片05.jpg"素材文件，如图1-62所示。

STEP 3 将【项目】面板中的"图片01.jpg"～"图片03.jpg"素材文件拖曳到序列中，如图1-63所示。

◁ 图1-62

2. 整理文件 ✍

STEP 1 删除未使用的素材。执行菜单【编辑】>【移除未使用资源】命令，这样【项目】面板中的"图片04.jpg"和"图片05.jpg"素材文件就被删除了，如图1-64所示。

◁ 图1-63

◁ 图1-64

STEP 2 执行菜单【文件】>【项目管理】命令，在弹出的【项目管理器】对话框中，选择【生成项目】下的【收集文件并复制到新位置】选项，并设置文件存放的路径位置，然后单击【确定】按钮，如图1-65所示。

STEP 3 在弹出的Adobe Premiere Pro CC对话框中单击【是】按钮，如图1-66所示。

STEP 4 整理后的文件在新位置上被存放在同一个文件夹中，并且这个文件夹是以"已复制_1.6项目管理"名称命名的，如图1-67所示。

◁ 图1-65

图1-66   图1-67

1.6.3 技术总结

通过本案例的制作，读者应该已经掌握了管理项目文件的方法。在制作项目时，经常会尝试不同的素材以便选择最合适的。在制作复杂项目时，所要的素材繁杂，素材位置也会凌乱。使用【移除未使用资源】命令可以有效地移除不使用的素材，而【项目管理】命令可以快速地将项目所有所需的文件整合在一个文件夹中，方便管理或转移到其他计算机中。

第2章
素材编辑

本章主要讲解素材编辑的一些方法。通过本章的学习，读者可以掌握使用多个面板和多种方式对素材编辑的方法和技巧。通过对 8 个案例的讲解，使读者掌握素材修改、自动匹配序列、视频变速、嵌套图片、各种剪辑素材和制作属性动画的方法。

2.1　素材修改

工程文件：工程文件 / 第 2 章 /2.1 素材修改 .prproj
视频教学：视频教学 / 第 2 章 /2.1 素材修改 .mp4
技术要点：掌握编辑素材的方法

2.1.1　案例思路

本案例主要介绍在【项目】面板和序列中修改素材的方法，通过对一组星球图片素材的编辑，使读者更为直观地感受到图片变形效果的制作。

2.1.2　制作步骤

1. 创建项目

STEP 1　新建项目和【HDV 720p25】预设序列。

STEP 2　双击【项目】面板的空白处，导入"图片01.jpg""图片03.jpg""图片04.jpg"和"图片05.jpg"素材文件，如图2-1所示。

2. 删除素材

将【项目】面板中的"图片05.jpg"素材文件拖曳到右下角的【清除(Backspace)】按钮上，如图2-2所示。

图2-1

提　示

在【项目】面板中，删除素材的常用方法有以下几种。

★　选择素材后，单击【清除 (Backspace)】按钮。

★　选择素材后，按键盘上的 Delete 键或 Backspace 键。

★　选择素材后，执行右键菜单中的【清除】命令。

★　选择素材后，执行菜单【编辑】>【清除】命令。

3.　设置时长

选择【项目】面板中的所有图片素材，执行右键菜单中的【速度/持续时间】命令，在弹出的对话框中设置【持续时间】为00:00:02:00，如图2-3所示。

图2-2

图2-3

4.　素材属性

STEP 1　使用【项目】面板中的滚动条，查看素材属性，如图2-4所示。

STEP 2　将【项目】面板中的"图片01.jpg""图片03.jpg"和"图片04.jpg"素材拖曳到序列中，如图2-5所示。

图2-4

图2-5

5.　复制素材

选择【项目】面板中的"图片01.jpg"素材，依次执行右键菜单中的【复制】和【粘贴】命令，如图2-6所示。

6. 重命名素材

选择【项目】面板中复制出来的"图片01.jpg"素材，执行右键菜单中的【重命名】命令，设置名称为"图片02.jpg"，如图2-7所示。

◀ 图2-6

◀ 图2-7

7. 修改素材

选择【项目】面板中的"图片02.jpg"素材，执行右键菜单中的【修改】>【解释素材】命令。在【解释素材】选项卡中选择【像素长宽比】>【符合】>【变形2:1(2.0)】选项，如图2-8所示。

8. 变形动画

STEP 1 激活序列中"图片01.jpg"素材的【效果控件】面板，取消勾选【等比缩放】选项。将【当前时间指示器】移动到00:00:00:00位置，打开【缩放宽度】的【切换动画】按钮，并设置【缩放宽度】为100.0；将【当前时间指示器】移动到00:00:02:00位置，设置【缩放宽度】为200.0，如图2-9所示。

◀ 图2-8

◀ 图2-9

STEP 2 激活"图片04.jpg"素材的【效果控件】面板，将【效果】面板中的【视频效果】>【颜色校正】>【颜色平衡(HLS)】效果拖曳到【效果控件】面板中，如图2-10所示。

STEP 3 将【当前时间指示器】移动到00:00:04:00位置，打开【颜色平衡(HLS)】>【饱和度】的【切换动画】按钮，并设置【饱和度】为0.0；将【当前时间指示器】移动到00:00:06:00位置，设置【饱和度】为-100.0，如图2-11所示。

图2-10

图2-11

9. 替换素材

STEP 1 选择【项目】面板中的"图片02.jpg"素材，然后选择序列中的"图片03.jpg"素材，执行右键菜单中的【使用剪辑替换】>【从素材箱】命令，如图2-12所示。

图2-12

STEP 2 选择【项目】面板中的"图片04.jpg"素材，执行右键菜单中的【替换素材】命令，如图2-13所示。

STEP 3 在弹出的对话框中选择要替换的"图片06.jpg"素材，单击【选择】按钮，如图2-14所示。

图2-13

图2-14

10. 查看最终效果

在【节目监视器】面板中查看最终画面效果，如图2-15所示。

◄ 图2-15

| 2.1.3 技术总结 🔍 ➡

　　通过本案例的制作，读者应该已经掌握删除素材、复制素材、修改素材、重命名素材、更改素材时长、查看素材属性和替换素材的方法了。在项目制作初期整理好素材，可以有效减少重复劳动，提高制作效率。本案例介绍了两种替换素材的方法，但选取的素材位置有所不同。替换后的素材会保留原先素材的编辑效果。

2.2 标准片头

工程文件：工程文件 / 第 2 章 /2.2 标准片头 .prproj
视频教学：视频教学 / 第 2 章 /2.2 标准片头 .mp4
技术要点：掌握制作标准视频片头的方法

| 2.2.1 案例思路 🔍 ➡

　　本案例主要介绍标准片头的设置方法。在给一些专业机构投放视频作品时，有时会要求在片头添加倒计时和彩条等专业信息。此案例可以使读者了解一些视频制作的行业标准，同时通过制作视频片头，使读者了解Premiere Pro CC软件内部固有素材的使用方法。

2.2.2 制作步骤

1. 新建通用倒计时片头

STEP 1 ▶ 新建项目和【HDV 720p25】预设序列。

STEP 2 ▶ 单击【项目】面板右下角【新建项】按钮，然后执行【通用倒计时片头】命令，如图2-16所示。

STEP 3 ▶ 在弹出的【新建通用倒计时片头】对话框中单击【确定】按钮，如图2-17所示。

图2-16

图2-17

STEP 4 ▶ 在弹出的【通用倒计时设置】对话框中单击【擦除颜色】右侧的颜色块设置颜色，如图2-18所示。

STEP 5 ▶ 在弹出的【拾色器】对话框中设置颜色为红色(R:255,G:0,B:0)，如图2-19所示。

图2-18

图2-19

STEP 6 ▶ 在【通用倒计时设置】对话框中继续更改其他颜色，如图2-20所示。

STEP 7 ▶ 在【通用倒计时设置】对话框中勾选【在每秒都响提示音】复选框，单击【确定】按钮，如图2-21所示。

◀ 图2-20   ◀ 图2-21

2. 新建 HD 彩条

STEP 1▶ 单击【项目】面板右下角的【新建项】按钮◻，然后执行【HD彩条】命令，如图2-22所示。

STEP 2▶ 弹出【新建HD彩条】对话框，单击【确定】按钮。

> **提 示**
>
> 【HD 彩条】多用于节目正式播放之前或
> 无节目时，目的是对颜色的校对。Premiere
> Pro CC 配有的【HD 彩条】符合 ARIB
> STD-B28 标准，可用于校准视频输出。

◀ 图2-22

3. 使用透明视频

STEP 1▶ 单击【项目】面板的【新建项】按钮◻，
然后执行【透明视频】命令。

STEP 2▶ 将【项目】面板中的"通用倒计时片头""HD 彩条"和"透明视频"素材依次拖曳到
序列中，如图2-23所示。

STEP 3▶ 将【效果】面板中的【视频效果】>【视频】>【时间码】效果拖曳到序列的"透明视
频"素材上，如图2-24所示。

◀ 图2-23   ◀ 图2-24

STEP 4 激活"透明视频"素材的【效果控件】面板，设置【时间码】的【位置】为(640.0,360.0)，【大小】为20.0%，【不透明度】为100.0%，如图2-25所示。

◀ 图2-25

提 示

效果必须作用于素材，如果想应用一些可以自己生成图像，并保留透明度的效果，则选择【透明视频】为素材就很适合，例如【时间码】效果或【闪电】效果。

STEP 5 在【节目监视器】面板中查看最终画面效果，如图2-26所示。

◀ 图2-26

2.2.3　技术总结

通过本案例的制作，读者应该对软件可以创建的素材有了一定的了解。倒计时和彩条是常用的技术标准，在项目中添加后，需要根据标准调整时长，以及声音的播放情况。可以在**透明视频素材上添加的效果有【时间码】、【棋盘】、【圆形】、【椭圆】、【网格】、【闪电】、【油漆桶】和【书写】等。**

2.3　自动匹配序列

工程文件：工程文件 / 第 2 章 /2.3 自动匹配序列 .prproj
视频教学：视频教学 / 第 2 章 /2.3 自动匹配序列 .mp4
技术要点：掌握设置序列自动化和默认过渡效果的操作方法

| 2.3.1 案例思路　　　　　　　🔍

　　本案例主要介绍设置**自动匹配序列**和**默认过渡效果**的操作方法，通过自动匹配序列功能快速将一组图片添加到序列中，并且可以统一设置图片的时长和过渡效果，也可以预先选择默认过渡的效果。

| 2.3.2 制作步骤　　　　　　　🔍

1. 创建项目 🖎

STEP 1 新建项目和【HDV 720p25】预设序列。

STEP 2 双击【项目】面板的空白处，导入"图片01.jpg"～"图片12.jpg"和"背景音乐.mp3"素材文件，如图2-27所示。

2. 自动匹配序列 🖎

STEP 1 将【项目】面板中的"图片01.jpg"素材添加到序列中，并将【当前时间指示器】移动到00:00:02:00位置，如图2-28所示。

◀ 图2-27

◀ 图2-28

STEP 2 设置默认过渡效果。选择【效果】面板中的【溶解】>【渐隐为黑色】效果，执行右键菜单中的【将所选过渡设置为默认过渡】命令，如图2-29所示。

提　示

默认过渡效果周围会以蓝色线框作为标记。

STEP 3 依次选择"图片02.jpg"～"图片12.jpg"素材文件，然后单击【自动匹配序列】按钮▥，如图2-30所示。

图2-29

图2-30

STEP 4 弹出【序列自动化】对话框，设置【剪辑重叠】为"20帧"，选择【每个静止剪辑的帧数】选项，并设置为"60帧"，如图2-31所示。

3. 设置时间轴序列

STEP 1 选择00:00:16:20位置右侧的最后两个素材，按键盘上的Delete键，将其删除，如图2-32所示。

STEP 2 将"背景音乐.mp3"素材文件拖曳至音频轨道A1上，并将视频出点位置与之对齐，如图2-33所示。

图2-31

图2-32

图2-33

4. 设置过渡时长

STEP 1 执行菜单【编辑】>【首选项】>【时间轴】命令，在弹出的对话框中设置【视频过渡默认持续时间】为"20帧"，如图2-34所示。

STEP 2 分别在00:00:02:00和00:00:17:00位置选择音视频素材的编辑点，执行右键菜单中的【应用默认过渡】命令，如图2-35所示。

◀ 图2-34   ◀ 图2-35

5. 查看最终效果

在【节目监视器】面板中查看最终画面效果，如图2-36所示。

◀ 图2-36

2.3.3 技术总结

通过本案例的制作，读者应该已经掌握了自动匹配序列功能和设置默认过渡效果的使用方法。选择好默认的过渡效果，可以快速地添加到素材的入点、出点和编辑点处。在【首选项】对话框中可以设置过渡效果的持续时间。

自动匹配序列会从【当前时间指示器】右侧插入素材。自动匹配序列在制作"一拍二"节奏的二维动画时效果十分明显，可以快速设置每张画面停留的帧数。

2.4 视频变速

工程文件：工程文件 / 第 2 章 /2.4 视频变速 .prproj
视频教学：视频教学 / 第 2 章 /2.4 视频变速 .mp4
技术要点：掌握使用【速度 / 持续时间】命令的方法

2.4.1 案例思路

本案例利用【速度/持续时间】命令的属性参数，巧妙地模拟电视机倒带时快进快退的播放效果。配合背景音乐声音，制作变速效果。再利用视频效果，制作出一些在变速时画面不清楚的效果。

2.4.2 制作步骤

1. 设置项目

STEP 1 新建项目，然后双击【项目】面板的空白处，弹出【导入】对话框，导入"视频.mp4"和"背景音乐.mp3"素材文件，如图2-37所示。

图2-37

STEP 2 选择【项目】面板中的"视频.mp4"素材，执行右键菜单中的【从剪辑新建序列】命令，如图2-38所示。

STEP 3 删除音频。按住Alt键的同时选择音频部分，然后按键盘上的 Delete键即可，如图2-39所示。

图2-38

图2-39

提示

按住 Alt 键，可以单独选择音视频链接素材的音频或视频部分。

STEP 4 在【时间轴】面板中的轨道头部，执行右键菜单中的【删除轨道】命令，弹出【删除轨道】对话框，勾选【删除视频轨道】和【删除音频轨道】选项，并在轨道类型中选择【所有空轨道】，如图2-40所示。

STEP 5 显示波形。双击【项目】面板中的"背景音乐.mp3"素材文件，使其显示在【源监视器】面板中，观察音量波形的位置，如图2-41所示。

图2-40

图2-41

---

2. 设置快退播放

STEP 1 在【时间轴】面板的【播放指示器位置】中输入数字键盘中的1422，使【当前时间指示器】移动到00:00:14:22位置，如图2-42所示。执行菜单【序列】>【添加编辑】命令。

图2-42

STEP 2 利用【选择工具】▶选择00:00:14:22位置右侧的素材，并执行右键菜单中的【波形删除】命令。

STEP 3 复制裁切好的素材。按住Alt键的同时拖动左侧素材到【当前时间指示器】所在处，如图2-43所示。

STEP 4 激活【播放指示器位置】，输入数字键盘中的 "+1221"，使【当前时间指示器】移动到00:00:27:18位置。按键盘上的快捷键Ctrl+K，如图2-44所示。

图2-43

图2-44

STEP 5 利用【选择工具】 选择00:00:14:22到00:00:27:18之间的素材，并执行右键菜单中的【波形删除】命令。

STEP 6 两段素材互换位置。按住Ctrl键的同时拖曳后一个素材到前一个素材的入点位置，如图2-45所示。

STEP 7 选择00:00:02:01到00:00:16:22之间的素材，并执行右键菜单中的【速度/持续时间】命令。设置【速度】为600%，勾选【倒放速度】选项，并单击【确定】按钮，如图2-46所示。

图2-45

图2-46

3. 设置快进播放

STEP 1 将【项目】面板中的"视频.mp4"素材文件拖曳至视频轨道V1结尾处，如图2-47所示。

STEP 2 删除素材音频部分。按住Alt键的同时选择音频部分，然后按键盘上的 Delete键即可，如图2-48所示。

图2-47

图2-48

STEP 3 将【当前时间指示器】分别移动到00:00:06:18和00:00:23:19位置，并执行菜单【序列】>【添加编辑】命令，如图2-49所示。

STEP 4 选择00:00:06:18到00:00:23:19之间的素材，并执行右键菜单中的【速度/持续时间】命令，在弹出的对话框中设置【速度】为600%，如图2-50所示。

图2-49

STEP 5 ▶ 在视频轨道V1上00:00:09:14到00:00:23:19之间的空白处，执行右键菜单中的【波形删除】命令，如图2-51所示。

图2-50

图2-51

STEP 6 ▶ 将【项目】面板中的"背景音乐.mp3"音频素材拖曳到序列中的音频轨道A1上，如图2-52所示。

STEP 7 ▶ 将视频轨道中的素材出点位置与音频轨道中的素材出点位置对齐，如图2-53所示。

图2-52

图2-53

4. 添加变速效果

STEP 1 ▶ 激活00:00:02:01右侧的素材，分别双击【效果】面板中的【扭曲】>【波形变形】效果和【杂色与颗粒】>【杂色】效果，如图2-54所示。

STEP 2 ▶ 激活00:00:02:01右侧素材的【效果控件】面板，设置【波形变形】效果的【波形类型】为"正方形"，【波形高度】为10，【波形宽度】为4，【方向】为0.0°，【波形速度】为9.6，【固定】为"所有边缘"，【相位】为0.0，如图2-55所示。

图2-54

图2-55

STEP 3 设置【杂色】效果的【杂色数量】为33.0%，如图2-56所示。

STEP 4 复制效果。选择00:00:02:01右侧的素材，执行右键菜单中的【复制】命令。然后选择00:00:06:18右侧的素材，执行右键菜单中的【粘贴属性】命令。

STEP 5 在弹出的【粘贴属性】对话框中勾选【效果】选项，如图2-57所示。

5. 查看最终效果

在【节目监视器】面板中查看最终画面效果，如图2-58所示。

图2-56

图2-57

图2-58

2.4.3 技术总结

　　本案例应用了许多技术和技巧。如果素材的【速度】或【持续时间】发生改变，则另一个属性也会相应地发生变化。【从剪辑新建序列】命令可以快速创建一个与视频素材参数相匹配的序列，方便视频剪辑。删除轨道的操作可以使操作界面更加简洁明快。巧妙利用【播放指示器位置】可以快速将【当前时间指示器】移动到准确的位置。

2.5　嵌套图片

工程文件：工程文件 / 第 2 章 /2.5 嵌套图片 .prproj
视频教学：视频教学 / 第 2 章 /2.5 嵌套图片 .mp4
技术要点：掌握嵌套序列的使用方法

2.5.1 案例思路

　　本案例主要介绍嵌套序列的使用方法，其制作思路是将两组素材以不同的方式添加到各自的序列中，统一编辑。然后将两个序列作为素材，再被新的序列所使用。

2.5.2 制作步骤

1. 创建项目

STEP 1 新建项目和【HDV 720p25】预设序列，设置【序列名称】为"序列01"，如图 2-59 所示。

STEP 2 双击【项目】面板的空白处，弹出【导入】对话框，导入"图片01.jpg"～"图片11.jpg"和"图片背景.jpg"素材文件，如图 2-60 所示。

图 2-59

图2-60

STEP 3 选择【项目】面板中的"图片01.jpg"～"图片03.jpg"素材文件,执行右键菜单中的【速度/持续时间】命令,在弹出的对话框中设置【持续时间】为00:00:01:15,如图2-61所示。

STEP 4 选择【项目】面板中的"图片04.jpg"～"图片11.jpg"素材文件,执行右键菜单中的【速度/持续时间】命令,在弹出的对话框中设置【持续时间】为00:00:00:15,如图2-62所示。

图2-61

图2-62

2. 嵌套序列

STEP 1 将【项目】面板中的"图片01.jpg""图片02.jpg"和"图片03.jpg"素材文件拖曳至视频轨道V1上,如图2-63所示。

图2-63

STEP 2 选择序列中的全部素材文件,并执行右键菜单中的【嵌套】命令,如图2-64所示。

STEP 3 在弹出的【嵌套序列名称】对话框中使用默认的"嵌套序列01"名称,并单击【确定】按钮,如图2-65所示。

图2-64　　　　　　　　　　　　　　　　　　　　　　 图2-65

3. 新建序列

STEP 1 选择【项目】面板中的"图片04.jpg"素材，执行右键菜单中的【从剪辑新建序列】命令，命令执行后，素材会在新创建的序列中显示，如图2-66所示。

STEP 2 选择【项目】面板中的"图片05.jpg"～"图片11.jpg"素材文件，拖曳到"图片04.jpg"素材出点位置，如图2-67所示。

　　图2-66　　　　　　　　　　　　　　　　　　　　　　图2-67

STEP 3 选择【项目】面板中的"图片04"序列文件，执行右键菜单中的【重命名】命令，将其名称命名为"嵌套序列02"，如图2-68所示。

4. 设置"嵌套序列01"素材

STEP 1 激活"序列01"，将"嵌套序列01"素材文件拖曳到视频轨道V2上，如图2-69所示。

　　图2-68　　　　　　　　　　　　　　　　　　　　　　图2-69

STEP 2 将【项目】面板中的"图片背景.jpg"素材文件拖曳到视频轨道V1上，并将出点位置与视频轨道V2上的素材对齐，如图2-70所示。

STEP 3 激活"嵌套序列01"素材的【效果控件】面板，设置【位置】为(445.0,245.0)，【缩放】为22.0，如图2-71所示。

图2-70

图2-71

5. 设置"嵌套序列02"素材

STEP 1 将【项目】面板中的"嵌套序列02"素材文件拖曳到视频轨道V3上。按住Alt键的同时选择音频部分，将其删除，如图2-72所示。

STEP 2 激活"嵌套序列02"素材的【效果控件】面板，设置【位置】为(87.5,176.0)，【缩放】为8.0，如图2-73所示。

图2-72

图2-73

STEP 3 将【效果】面板中的【视频效果】>【变换】>【裁剪】效果拖曳到"嵌套序列02"素材的【效果控件】面板中。设置【裁剪】效果的【顶部】为2.0%，【底部】为2.0%，如图2-74所示。

STEP 4 创建轨道。将"嵌套序列02"素材移动到视频轨道V5上，如图2-75所示。

图2-74

图2-75

> **提 示**
>
> 将视频素材拖曳到序列轨道上方的空白处，即可快速添加一条视频轨道。

STEP 5 配合【以此轨道为目标切换轨道】按钮，将"嵌套序列02"素材复制到视频轨道V3和V4上，如图2-76所示。

> **提 示**
>
> 粘贴时，会粘贴到【当前时间指示器】右侧。

STEP 6 激活视频轨道V3上"嵌套序列02"素材的【效果控件】面板，设置【位置】为(87.5,487.5)，【缩放】为8.0，如图2-77所示。

图2-76

图2-77

STEP 7 激活视频轨道V4上"嵌套序列02"素材的【效果控件】面板，设置【位置】为(87.5,331.5)，【缩放】为8.0，如图2-78所示。

图2-78

6. 查看最终效果

在【节目监视器】面板中查看最终画面效果，如图2-79所示。

◀ 图2-79

2.5.3　技术总结 →

　　通过本案例的制作，读者应该已经了解到序列也可以作为素材，在项目制作时应用到别的序列中。序列作为素材可以继续进行多次编辑。但序列不可以作为自身序列中的素材被使用。例如本案例中的"序列01"，不会作为素材添加到"序列01""嵌套序列01"和"嵌套序列02"中。因为这样的操作会影响"序列01"的内容。

2.6　监视器剪辑

　　工程文件：工程文件 / 第 2 章 /2.6 监视器剪辑 .prproj
　　视频教学：视频教学 / 第 2 章 /2.6 监视器剪辑 .mp4
　　技术要点：掌握使用监视器剪辑素材的方法

2.6.1　案例思路 →

　　本案例通过剪辑4段视频，使读者掌握使用多机位监视器和修剪监视器剪辑视频素材的方法。本案例的制作思路是先使用多机位监视器粗剪素材，再使用修剪监视器调整细节。

2.6.2　制作步骤 →

1.　设置项目

STEP 1 新建项目和【HDV 720p25】预设序列。

STEP 2 双击【项目】面板的空白处，导入"视频01.mp4"～"视频04.mp4"和"背景音乐.mp3"素材文件，如图2-80所示。

STEP 3 在【项目】面板中依次选择"视频01.mp4"～"视频04.mp4"素材文件，然后执行右键菜单中的【创建多机位源序列】命令，如图2-81所示。

◨ 图2-80

◨ 图2-81

STEP 4 在弹出的【创建多机位源序列】对话框中设置名称为默认的"多机位"，选择【同步点】为"入点"，然后单击【确定】按钮，如图2-82所示。

STEP 5 将【项目】面板中的"视频01.mp4多机位"素材拖曳至序列的视频轨道V1中，如图2-83所示。

◨ 图2-82

◨ 图2-83

2. 设置多机位监视器

STEP 1 添加录制按钮。单击【节目监视器】面板的【按钮编辑器】按钮，将【多机位录制开/

关】按钮添加到播放控件中，然后单击【确定】按钮，如图2-84所示。

STEP 2 单击【节目监视器】面板中的【设置】按钮，如图2-85所示。

图2-84　　　　　　　　　　　　　　　　　　图2-85

STEP 3 选择菜单中的【多机位】命令，面板则显示【多机位监视器】效果，如图2-86所示。

图2-86

STEP 4 单击【多机位录制开/关】按钮，录制视频。再单击【播放】按钮，播放要录制的素材，如图2-87所示。

图2-87

STEP 5 录制开始时，大概在00:00:00:00、00:00:07:00、00:00:14:00和00:00:23:00的位置分别激活"摄像1"～"摄像4"，如图2-88所示。

◀ 图2-88

STEP 6 查看剪辑好的序列效果，如图2-89所示。

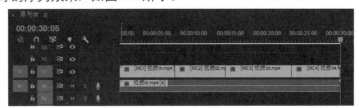

◀ 图2-89

3. 设置修剪模式

STEP 1 双击序列素材之间的第一个剪辑
点，如图2-90所示。

STEP 2 使【节目监视器】进入【修剪模
式】，在【节目监视器】中调整剪辑点
到00:00:07:00的位置，如图2-91所示。

◀ 图2-90

◀ 图2-91

STEP 3 在【修剪模式】中依次调整各个剪辑点的位置。

STEP 4 将【项目】面板中的"背景音乐.mp3"素材添加到序列中，如图2-92所示。

STEP 5 将音视频轨道中素材的出点调整到00:00:30:00位置，并执行右键菜单中的【应用默认过渡】命令，如图2-93所示。

◁ 图2-92

◁ 图2-93

4. 查看最终效果

在【节目监视器】面板中，执行右键菜单中的【显示模式】>【合成视频】命令，查看最终画面效果，如图2-94所示。

◁ 图2-94

2.6.3　技术总结

通过本案例的制作，读者应该已经掌握多机位监视器和修剪模式的操作方法了。多机位监视器是模拟实况转播时，导演同时观看多角度机位，并且有意图切换镜头的效果。使用多机位剪辑素材，可以使动作镜头组接得更加流畅连贯。

2.7　修剪剪辑

工程文件：工程文件 / 第 2 章 /2.7 修剪剪辑 .prproj
视频教学：视频教学 / 第 2 章 /2.7 修剪剪辑 .mp4
技术要点：掌握使用工具和编辑点剪辑素材的方法

2.7.1 案例思路

本案例通过剪辑一段MV视频，而将【工具】面板中的剪辑工具与编辑点剪辑结合起来，使读者掌握常用的剪辑方式。

2.7.2 制作步骤

1. 创建项目

STEP 1 新建项目和【HDV 720p25】预设序列。

STEP 2 双击【项目】面板的空白处，导入"视频01.jpg"～"视频06.jpg"和"背景音乐.mp3"素材文件，如图2-95所示。

◀ 图2-95

2. 剪辑片段一

STEP 1 将【项目】面板中的"视频01.mp4"和"视频02.mp4"素材拖曳到序列中，如图2-96所示。

STEP 2 在【节目监视器】面板中设置标记入点为00:00:10:00，标记出点为00:00:30:00，单击【提取】按钮，如图2-97所示。

◀ 图2-96

◀ 图2-97

STEP 3 将"视频03.mp4"素材在【源监视器】面板中显示。设置标记入点为00:00:02:00，标记出点为00:00:11:24，单击【插入】按钮，将剪辑插入序列的00:00:10:00位置，如图2-98所示。

STEP 4 将【当前时间指示器】移动到00:00:30:00位置，选择序列的出点，执行菜单【序列】>【将所选择编辑点扩展到播放指示器】命令，如图2-99所示。

图2-98　　　　　　　　　　　　　图2-99

STEP 5 将"视频04.mp4"素材在【源监视器】面板中显示。设置标记入点为00:00:01:00，标记出点为00:00:10:24。使用【仅拖动视频】图标█将剪辑素材拖曳到序列的【当前时间指示器】位置，如图2-100所示。

3. 剪辑片段二

STEP 1 将【项目】面板中的"视频05.mp4"素材拖曳到序列的出点位置，如图2-101所示。

图2-100

图2-101

STEP 2 使用【滚动编辑工具】█双击00:00:40:00位置的编辑点，如图2-102所示。

STEP 3 在【节目监视器】面板的修剪模式中单击【大幅向前修剪】按钮，如图2-103所示。

图2-102

图2-103

STEP 4 将【项目】面板中的"视频06.mp4"素材拖曳到序列的出点位置，如图2-104所示。

STEP 5 使用【剃刀工具】█分别在00:00:50:00和00:00:53:00位置裁剪素材，如图2-105所示。

STEP 6 使用【选择工具】█选择00:00:50:00到

图2-104

00:00:53:00之间的素材，并执行右键菜单中的【波纹删除】命令，如图2-106所示。

图2-105   图2-106

STEP 7 将【项目】面板中的"背景音乐.mp3"素材拖曳到音频轨道A1上，如图2-107所示。

STEP 8 分别在音视频轨道的出点位置执行右键菜单中的【应用默认过渡】命令，如图2-108所示。

图2-107   图2-108

4. 查看最终效果

在【节目监视器】面板中查看最终画面效果，如图2-109所示。

图2-109

| 2.7.3　技术总结

通过本案例的制作，读者应该已经掌握多种剪辑素材的方式了。其中，在【源监视器】面板中使用出入点剪辑素材是最为常用的剪辑方式之一。这样可以在【源监视器】面板中精细剪辑素材后，再将剪辑好的素材添加到序列中。工具面板中的工具也可以有效地剪辑素材，根据需要综合使用。

2.8　属性动画

工程文件：工程文件 / 第 2 章 /2.8 属性动画 .prproj
视频教学：视频教学 / 第 2 章 /2.8 属性动画 .mp4
技术要点：掌握为素材设置动画的方法

| 2.8.1　案例思路　

本案例通过为图片设置不同方式的动画效果，使读者掌握设置动画关键帧的方法。依据图像的特点，分别为其设置了位移动画、缩放动画、渐变动画等。

| 2.8.2　制作步骤　

1.　创建项目

STEP 1　新建项目和【HDV 720p25】预设序列。

STEP 2　双击【项目】面板的空白处，导入"背景.jpg""太阳.png""桃心.png""飞船.png"和"气球.png"素材文件，如图2-110所示。

◁ 图2-110

2.　设置素材轨道

STEP 1　分别将【项目】面板中的"背景.jpg""太阳.png""气球.png""飞船.png"和"桃

心.png"素材文件拖曳至视频轨道V1～V5中，如图2-111所示。

STEP 2 选择序列中的所有素材，执行右键菜单中的【速度/持续时间】命令，设置【持续时间】为00:00:08:00，如图2-112所示。

◀ 图2-111

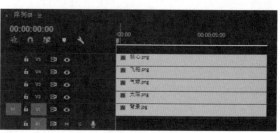

◀ 图2-112

提 示

【速度/持续时间】命令的快捷键是 Ctrl+R。

STEP 3 激活"背景.jpg"素材的【效果控件】面板，设置【缩放】为67.0，如图2-113所示。

3. 设置太阳旋转动画

STEP 1 激活"太阳.png"素材的【效果控件】面板，设置【位置】为(1150.0,120.0)，【缩放】为70.0。

STEP 2 将【当前时间指示器】移动到00:00:00:00位置，打开【旋转】的【切换动画】按钮，设置【旋转】为0.0°；将【当前时间指示器】移动到00:00:08:00位置，设置【旋转】为1×0.0°，如图2-114所示。

◀ 图2-113

◀ 图2-114

4. 设置飞船飞行动画

STEP 1 激活"飞船.png"素材的【效果控件】面板。将【当前时间指示器】移动到00:00:00:00位置，打开【位置】和【缩放】的【切换动画】按钮，设置【位置】为(1200.0,350.0)，【缩放】为60.0；将【当前时间指示器】移动到00:00:03:00位置，设置【位置】为(750.0,350.0)；将【当前时间指示器】移动到00:00:05:00位置，设置【位置】为(300.0,100.0)；将【当前时间指示器】移动到00:00:08:00位置，设置【位置】为(20.0,150.0)，【缩放】为50.0，如图2-115所示。

STEP 2 单击【效果控件】面板中的【运动】属性，如图2-116所示。

图2-115　　　　　　　　　　　　　　　图2-116

STEP 3 在【节目监视器】面板中通过曲柄调整位移路径，如图2-117所示。

5. 设置气球飘远动画

STEP 1 选择序列中的"气球.png"素材后，双击【效果】面板中的【视频效果】>【模糊与锐化】>【高斯模糊】效果，在【效果控件】面板中查看，如图2-118所示。

图2-117　　　　　　　　　　　　　　　图2-118

STEP 2 将【当前时间指示器】移动到00:00:00:00位置，打开【位置】、【缩放】、【不透明度】和【模糊度】的【切换动画】按钮，设置【位置】为(1000.0,400.0)，【缩放】为60.0，【旋转】为-10.0°，【不透明度】为100.0%，【模糊度】为0.0，如图2-119所示。

STEP 3 将【当前时间指示器】移动到00:00:08:00位置，设置【位置】为(800.0,150.0)，【缩放】为50.0，【不透明度】为80.0%，【模糊度】为30.0。

6. 设置小房子桃心烟雾动画

STEP 1 为"桃心.png"素材添加【高斯模糊】效果。

STEP 2 激活"桃心.png"素材的【效果控件】面板。

STEP 3 将【当前时间指示器】移动到00:00:00:00位置，打开【位置】、【缩放】、【不透明度】和【模糊度】的【切换动画】按钮，设置【位置】为(915.0,410.0)，【缩放】为50.0，【不透明度】为100.0%，【模糊度】为5.0。

STEP **4** 将【当前时间指示器】移动到00:00:08:00位置，设置【位置】为(880.0,230.0)，【缩放】为150.0，【不透明度】为0.0%，【模糊度】为15.0，如图2-120所示。

◀ 图2-119　　　　　　　　　　　　　　　　　◀ 图2-120

STEP **5** 在序列中按住Alt键，复制调整后的"桃心.png"素材文件，分别放置在视频轨道V6～V8中，并将起始位置依次向后移动2秒，如图2-121所示。

STEP **6** 将视频轨道V6～V8中素材的出点移动到00:00:08:00位置，如图2-122所示。

◀ 图2-121　　　　　　　　　　　　　　　　　◀ 图2-122

7.　设置大房子桃心烟雾动画

STEP **1** 将视频轨道V5中的"桃心.png"素材复制到视频轨道V9中，如图2-123所示。

STEP **2** 修改视频轨道V9中"桃心.png"素材的动画属性。

STEP **3** 将【当前时间指示器】移动到00:00:00:00位置，设置【位置】为(260.0,290.0)，【缩放】为100.0，【不透明度】为100.0%，【模糊度】为10.0。

STEP **4** 将【当前时间指示器】移动到00:00:08:00位置，设置【位置】为(220.0,0.0)，【缩放】为240.0，【不透明度】为0.0%，【模糊度】为20.0，如图2-124所示。

◀ 图2-123

STEP 5 将视频轨道V9中的"桃心.png"素材复制到视频轨道V10～V12中，并将起始位置依次向后移动2秒，出点位置与视频轨道V9中的素材对齐，如图2-125所示。

图2-124

图2-125

8. 查看最终效果

在【节目监视器】面板中查看最终画面效果，如图2-126所示。

图2-126

2.8.3　技术总结

通过本案例的制作，读者应该已经掌握设置动画关键帧的方法了。一般情况下，只要有属性参数可以改变的，都可以设置关键帧，制作动画效果。本案例中运用了一个"错帧"的小技巧，顾名思义是错开帧的显示时间，一般会产生良好的画面效果。

第3章

👆 视频效果

本章主要讲解视频效果的使用方法。通过本章的学习，读者可以了解颜色校正、视频抠像、图形变换等视频效果的设置方法。通过对 8 个案例的讲解，使读者掌握【色彩】、【分色】、【亮度与对比度】、【四色渐变】、【更改颜色】、【放大】、【球面化】和【裁剪】等视频效果的具体操作方法和技巧。

3.1 多彩生活照

工程文件：工程文件 / 第 3 章 /3.1 多彩生活照 .prproj
视频教学：视频教学 / 第 3 章 /3.1 多彩生活照 .mp4
技术要点：掌握图片调色的方法

3.1.1 案例思路　🔍

本案例通过调整多张图片，使读者了解多种调色的方法，其制作思路是先根据图片情况使用不同的制作效果，最后再将这些图片嵌套到照片纸中。

3.1.2 制作步骤　🔍

1. 创建项目 ✐

STEP 1 新建项目和【HDV 720p25】预设序列。

STEP 2 双击【项目】面板的空白处，导入"图片01.jpg"～"图片10.jpg"素材文件，如图3-1所示。

STEP 3 选择"图片01.jpg"～"图片09.jpg"素材文件，执行右键菜单中的【速度/持续时间】命令，在弹出的对话框中设置【持续时间】为00:00:03:00，如图3-2所示。

STEP 4 将"图片01.jpg"～"图片08.jpg"素材文件拖曳到视频轨道V1中，并将"图片09.jpg"素材拖曳到视频轨道V2中，如图3-3所示。

◀ 图3-1

图3-2

图3-3

2. 设置老照片效果

STEP 1 激活 "图片09.jpg" 素材的【效果控件】面板，将【效果】面板中的【视频效果】>【颜色校正】>【色彩】效果拖曳到【效果控件】面板中，如图3-4所示。

STEP 2 设置【不透明度】>【混合模式】为 "强光"，【色彩】>【将白色映射到】为(R:255,G:150,B:0)，【着色量】为100.0%，如图3-5所示。

图3-4

图3-5

STEP 3 将【项目】面板中的 "图片09.jpg" 素材拖曳到视频轨道V3中，并将素材出点调整到00:00:02:00位置，如图3-6所示。

STEP 4 选择视频轨道V3上 "图片09.jpg" 素材的出点，执行右键菜单中的【应用默认过渡】命令。双击过渡效果，在弹出的【设置过渡持续时间】对话框中设置【持续时间】为00:00:02:00，如图3-7所示。

◁ 图3-6

◁ 图3-7

3. 设置分色效果

STEP 1 将【效果】面板中的【视频效果】>【颜色校正】>【分色】效果添加到"图片02.jpg"素材上。

STEP 2 将【当前时间指示器】移动到00:00:03:00位置。打开【脱色量】的【切换动画】按钮，设置【脱色量】为0.0%，【要保留的颜色】为(R:15,G:250,B:80)，【容差】为5.0%，【匹配颜色】为"使用色相"，如图3-8所示。

◁ 图3-8

STEP 3 将【当前时间指示器】移动到00:00:05:00位置。设置【脱色量】为100.0%，如图3-9所示。

◁ 图3-9

4. 设置钢笔画效果

STEP 1　将【效果】面板中的【视频效果】>【风格化】>【阈值】效果和【颜色校正】>【色彩】效果添加到"图片03.jpg"素材上。

STEP 2　设置【色彩】效果的【将黑色映射到】为(R:65,G:0,B:170)，如图3-10所示。

图3-10

STEP 3　将【项目】面板中的"图片03.jpg"素材拖曳到视频轨道V2中的00:00:06:00位置，并将素材出点调整到00:00:08:00位置，如图3-11所示。

STEP 4　选择视频轨道V2上"图片03.jpg"素材的出点，执行右键菜单中的【应用默认过渡】命令。双击过渡效果，在弹出的【设置过渡持续时间】对话框中设置【持续时间】为00:00:02:00，如图3-12所示。

图3-11

图3-12

5. 设置彩铅画效果

STEP 1　将【效果】面板中的【视频效果】>【风格化】>【查找边缘】效果和【颜色校正】>【亮度与对比度】效果添加到"图片04.jpg"素材上。

STEP 2　将【当前时间指示器】移动到00:00:09:00位置。打开【与原始图像混合】、【亮度】和【对比度】的【切换动画】按钮，设置【与原始图像混合】为100%，【亮度】为0.0，【对比度】为0.0，如图3-13所示。

图3-13

STEP 3 将【当前时间指示器】移动到00:00:11:00位置。设置【与原始图像混合】为0%，【亮度】为-50.0，【对比度】为50.0，如图3-14所示。

图3-14

6. 设置素描画效果

STEP 1 复制序列中的"图片04.jpg"素材，然后执行"图片05.jpg"素材右键菜单中的【粘贴属性】命令，如图3-15所示。

STEP 2 在弹出的【粘贴属性】对话框中勾选【效果】选项，并单击【确定】按钮，如图3-16所示。

STEP 3 将【效果】面板中的【视频效果】>【图像控制】>【黑白】效果添加到"图片05.jpg"素材上。

STEP 4 将【当前时间指示器】移动到00:00:14:00位置。关闭【与原始图像混合】、【亮度】和【对比度】的【切换动画】按钮，如图3-17所示。

◀ 图3-15　　　　　　　　　　　　　　　◀ 图3-16

◀ 图3-17

STEP 5 将"图片05.jpg"素材拖曳到视频轨道V2中的
00:00:12:00位置。将素材的持续时间和默认过渡效果的持续
时间都设置为2秒，如图3-18所示。

◀ 图3-18

7.　设置阴天效果

STEP 1 将【效果】面板中的【视频效果】>【颜色校正】>
【分色】效果和【颜色校正】>【亮度与对比度】效果添加到"图片06.jpg"素材上。

STEP 2 将【当前时间指示器】移动到00:00:15:00位置，打开【脱色量】、【亮度】和【对比度】的【切换动画】按钮，设置【脱色量】为0.0%，【要保留的颜色】为(R:235,G:210,B:10)，【容差】为15.0%，【匹配颜色】为"使用色相"，【亮度】为0.0，【对比度】为0.0，如图3-19所示。

图3-19

STEP 3 将【当前时间指示器】移动到00:00:17:00位置，设置【脱色量】为50.0%，【亮度】为-40.0，【对比度】为-20.0，如图3-20所示。

图3-20

8. 设置彩妆效果

STEP 1 将【效果】面板中的【视频效果】>【生成】>【四色渐变】效果添加到"图片07.jpg"素材上。

STEP 2 将【当前时间指示器】移动到00:00:18:00位置，打开【四色渐变】>【不透明度】的【切换动画】按钮，设置【点1】为(120.0,90.0)，【颜色1】为(R:255,G:0,B:255)，【点2】为(600.0,80.0)，【颜色2】为(R:0,G:255,B:255)，【点3】为(350.0,670.0)，【颜色3】为(R:255,G:0,B:30)，【点4】为(650.0,400.0)，【颜色4】为(R:255,G:255,B:130)，【不透明度】为0.0%，【混合模式】为"叠加"，如图3-21所示。

图3-21

STEP 3 将【当前时间指示器】移动到00:00:20:00位置，设置【不透明度】为100.0%，如图3-22
所示。

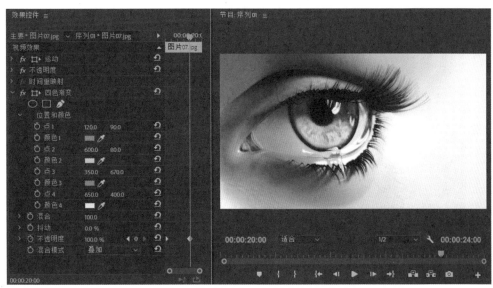

图3-22

9.　设置调节颜色

STEP 1 将【效果】面板中的【视频效果】>【颜色校正】>【颜色平衡(HLS)】效果添加到"图
片08.jpg"素材上。

STEP 2 将【当前时间指示器】移动到00:00:21:00位置，打开【色相】、【亮度】和【饱和度】
的【切换动画】按钮，设置【色相】为0.0°，【亮度】为0.0，【饱和度】为0.0，如图3-23
所示。

图3-23

STEP 3 将【当前时间指示器】移动到00:00:23:00位置，设置【色相】为-15.0°，【亮度】为25.0，【饱和度】为30.0，如图3-24所示。

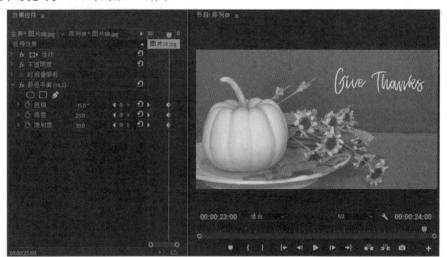

图3-24

10. 制作照片效果

STEP 1 选择序列中的所有素材，执行右键菜单中的【嵌套】命令，并将"嵌套序列 01"移动到视频轨道V2中，并将"图片10.jpg"素材拖曳到视频轨道V1中，将出点与视频轨道V2中的素材对齐，如图3-25所示。

STEP 2 将【效果】面板中的【视频效果】>【风格化】>【粗糙边缘】效果添加到"嵌套序列 01"素材上。

图3-25

STEP 3 设置【缩放】为80.0，【边缘类型】为"粗糙色"，【边框】为50.00，【不规则影响】为0.00，如图3-26所示。

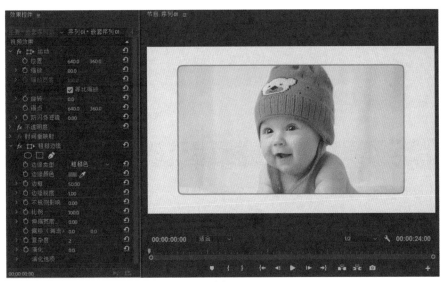

◀ 图3-26

11. 查看最终效果 ✍

在【节目监视器】面板中查看最终画面效果，如图3-27所示。

◀ 图3-27

| 3.1.3　技术总结　　　　　　　　🔍　　　　　➡

通过本案例的制作，读者应该已经掌握多种调整图像颜色效果的方法了。这些效果都是作用于单个素材的，不可以作为过渡效果使用。调节颜色的效果有很多，使用不同的效果命令也可以调节出相同的画面效果。

3.2 变换颜色

工程文件：工程文件 / 第 3 章 /3.2 变换颜色 .prproj
视频教学：视频教学 / 第 3 章 /3.2 变换颜色 .mp4
技术要点：掌握更改素材颜色的方法

3.2.1 案例思路

　　本案例通过模拟汽车游戏界面挑选赛车颜色的模式，使读者掌握使用视频效果更改素材颜色的两种方法。最后使用素材辉光效果，模拟选择效果。

3.2.2 制作步骤

1. 设置项目

STEP 1 新建项目和【HDV 720p25】预设序列。

STEP 2 双击【项目】面板的空白处，导入"图像01.jpg"和"图像02.png"素材文件，如图3-28所示。

STEP 3 在【项目】面板的空白处执行右键菜单中的【新建项目】>【颜色遮罩】命令，在弹出的【新建颜色遮罩】对话框中设置【高度】为30，【宽度】为30，如图3-29所示。

图3-28

图3-29

STEP 4 在【拾色器】对话框中设置颜色为(R:255,G:255,B:0)，如图3-30所示。

STEP 5 选择【项目】面板中的所有素材，执行右键菜单中的【速度/持续时间】命令，在弹出的对话框中设置【持续时间】为00:00:06:00，如图3-31所示。

2. 设置序列

STEP 1 将"图像01.jpg""图像02.png"和"颜色遮罩"素材文件依次添加到视频轨道V1～V3中，如图3-32所示。

STEP 2 激活"颜色遮罩"素材的【效果控件】面板，将【效果】面板中的【视频效果】>【颜色校正】>【更改颜色】效果拖曳到【效果控件】面板中，如图3-33所示。

图3-30

图3-31

图3-32

图3-33

STEP 3 设置【位置】为(640.0,660.0)，【更改颜色】的【色相变换】为60.0，【饱和度变换】为-50.0，【要更改的颜色】为(R:255,G:255,B:0)，如图3-34所示。

图3-34

STEP 4 复制素材。按住Alt键的同时，拖曳视频轨道V3的素材到视频轨道V4和V5中，如图3-35所示。

3. 设置颜色选项

STEP 1 激活视频轨道V5素材的【效果控件】面板，设置【位置】为(520.0,660.0)；将【当前时间指示器】移动到00:00:00:00位置，打开【饱和度变换】的【切换动画】按钮，设置【更改颜色】的【色相变换】为240.0，【饱和度变换】为0.0，如图3-36所示。

◀ 图3-35

◀ 图3-36

STEP 2 将【当前时间指示器】移动到00:00:02:00位置，设置【饱和度变换】为-50.0。选择所有关键帧，执行右键菜单中的【定格】命令，如图3-37所示。

◀ 图3-37

STEP 3 激活视频轨道V4素材的【效果控件】面板，设置【位置】为(760.0,660.0)；将【当前时间指示器】移动到00:00:00:00位置，打开【饱和度变换】的【切换动画】按钮，设置【更改颜色】的【色相变换】为170.0，【饱和度变换】为-50.0，如图3-38所示。

◁ 图3-38

STEP 4 将【当前时间指示器】移动到00:00:04:00位置，设置【饱和度变换】为0.0。选择所有关键帧，执行右键菜单中的【定格】命令，如图3-39所示。

◁ 图3-39

STEP 5 激活视频轨道V3素材的【效果控件】面板，将【当前时间指示器】移动到00:00:00:00位置，打开【饱和度变换】的【切换动画】按钮，设置【饱和度变换】为-50.0；将【当前时间指示器】移动到00:00:02:00位置，设置【饱和度变换】为0.0；将【当前时间指示器】移动到00:00:04:00位置，设置【饱和度变换】为-50.0；选择所有关键帧，执行右键菜单中的【定格】命令，如图3-40所示。

◀ 图3-40

4. 设置汽车颜色

STEP 1 将【效果】面板中的【视频效果】>【颜色校正】>【更改为颜色】效果添加到"图像02.png"素材上。

STEP 2 将【当前时间指示器】移动到00:00:00:00位置，打开【至】的【切换动画】按钮，设置【自】为(R:255,G:255,B:0)，【至】为(R:255,G:0,B:255)，【更改】为"色相和饱和度"，【更改方式】为"变换为颜色"，【色相】为100.0%；将【当前时间指示器】移动到00:00:02:00位置，设置【至】为(R:0,G: 255,B:0)；将【当前时间指示器】移动到00:00:04:00位置，设置【至】为(R:0,G: 0,B: 255)。选择所有关键帧，执行右键菜单中的【定格】命令，如图3-41所示。

◀ 图3-41

5. 查看最终效果

在【节目监视器】面板中查看最终画面效果，如图3-42所示。

◀ 图3-42

3.2.3 技术总结

通过本案例的制作，读者应该已经掌握两种更改颜色的方法了。本案例还应用了定格关键帧的技巧，这样的关键帧之间没有过渡效果，适合于这样的切换效果使用。

3.3 放大藏宝图

工程文件：工程文件 / 第 3 章 /3.3 放大藏宝图 .prproj
视频教学：视频教学 / 第 3 章 /3.3 放大藏宝图 .mp4
技术要点：掌握使用【放大】和【球面化】效果的方法

3.3.1 案例思路

本案例通过【放大】和【球面化】效果使素材图像的局部产生球面放大的效果，从而模拟放大镜的效果，即模拟一个在藏宝图中使用放大镜寻找宝藏的效果。

3.3.2 制作步骤

1. 创建项目

STEP 1 新建项目。双击【项目】面板的空白处，弹出【导入】对话框，导入"图片01.jpg"和"图片02.png"素材文件，如图3-43所示。

STEP 2 新建序列。选择【项目】面板中的"图片01.jpg"素材，执行右键菜单中的【从剪辑新建序列】命令，如图3-44所示。

◀ 图3-43

◀ 图3-44

2. 设置放大镜效果

STEP 1 激活"图片01.jpg"素材的【效果控件】
面板,将【效果】面板中的【视频效果】>【扭
曲】>【放大】效果和【球面化】效果拖曳到
【效果控件】面板中,如图3-45所示。

STEP 2 激活"图片01.jpg"素材的【效果控件】
面板,打开【中央】和【球面中心】的【切换
动画】按钮,将【当前时间指示器】移动到
00:00:01:00位置,设置【放大】的【中央】为
(500.0,730.0),【放大率】为200.0,【大小】为
130.0;设置【球面化】的【半径】为150,【球
面中心】为(500.0,730.0),如图3-46所示。

◀ 图3-45

◀ 图3-46

STEP 3 将【当前时间指示器】移动到00:00:04:00位置,设置【中央】为(400.0,285.0),【球面中
心】为(400.0,285.0),如图3-47所示。

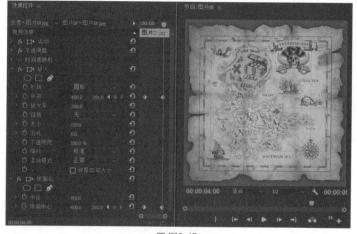

◀ 图3-47

3. 设置放大镜位置

STEP 1 将【项目】面板中的"图片02.png"素材拖曳到视频
轨道V2上，如图3-48所示。

STEP 2 激活"图片02.png"素材的【效果控件】面板，打开
【位置】的【切换动画】按钮，将【当前时间指示器】移动
到00:00:01:00位置，设置【位置】为(575.0,805.0)，【缩放】
为45.0，如图3-49所示。

◀ 图3-48

◀ 图3-49

STEP 3 将【当前时间指示器】移动到00:00:04:00位置，设置【位置】为(475.0,360.0)，如图3-50
所示。

◀ 图3-50

4. 查看最终效果

在【节目监视器】面板中查看最终画面效果，如图3-51所示。

◄ 图3-51

3.3.3 技术总结

通过本案例的制作，读者应该已经掌握【放大】和【球面化】效果的使用方法了。本案例中的一个技巧点就是【放大】和【球面化】效果的同步性，两种效果的位移时间和距离需要一致。【放大】效果的【大小】属性数值和【球面化】效果的【半径】属性数值需要基本一致。

3.4 变形广告

工程文件：工程文件 / 第 3 章 /3.4 变形广告 .prproj
视频教学：视频教学 / 第 3 章 /3.4 变形广告 .mp4
技术要点：掌握【边角定位】效果和【时间码】效果的使用方法

3.4.1 案例思路

本案例先利用【时间码】效果制作一个财富增长的动态广告，然后再利用【边角定位】效果将广告放置在广告板上。

3.4.2 制作步骤

1. 创建项目

STEP 1 新建项目和【HDV 720p25】预设序列。

STEP 2 ▶ 双击【项目】面板的空白处，导入"图像01.jpg"和"图像02.jpg"素材文件，如图3-52所示。

STEP 3 ▶ 将"图像01.jpg"和"图像02.jpg"素材文件分别拖曳到视频轨道V1和V2上，如图3-53所示。

◁ 图3-52

◁ 图3-53

2. 制作广告

STEP 1 ▶ 激活【时间轴】面板，执行菜单【图形】>【新建图层】>【文本】命令，如图3-54所示。

STEP 2 ▶ 设置文本内容为"知识+努力+时间=财富"。激活文本的【效果控件】面板，设置【字体】为"微软雅黑"，【字体样式】为"粗体"，【字体大小】为50，填充为(R:70,G:100,B:170)，【位置】为(230.0,500.0)，如图3-55所示。

◁ 图3-54

◁ 图3-55

STEP 3 激活"图片02.jpg"素材的【效果控件】面板，将【效果】面板中的【视频效果】>【视频】>【时间码】效果拖曳到【效果控件】面板中，如图3-56所示。

STEP 4 设置【时间码】效果的【位置】为(450.0,280.0)，【大小】为60.0%，【不透明度】为0.0%，取消勾选【场符号】，【格式】选择为"帧"，【时间码源】选择为"剪辑"，如图3-57所示。

图3-56

图3-57

STEP 5 选择视频轨道V2和V3中的素材，执行右键菜单中的【嵌套】命令，并使用默认名称"嵌套序列01"，如图3-58所示。

图3-58

3. 制作广告板效果

STEP 1 将【效果】面板中的【视频效果】>【扭曲】>【边角定位】效果添加到"嵌套序列 01"素材上。

STEP 2 在"嵌套序列 01"素材的【效果控件】面板中设置【左上】为(515.0,133.0)，【右上】为(1137.0,75.0)，【左下】为(505.0,458.0)，【右下】为(1136.0,440.0)，如图3-59所示。

4. 查看最终效果

在【节目监视器】面板中查看最终画面效果，如图3-60所示。

图3-59

图3-60

| 3.4.3　技术总结

　　通过本案例的制作，读者应该已经掌握【边角定位】效果的使用方法了。本案例巧妙利用了【时间码】效果的【格式】模式。将【时间码】效果的【格式】选择为"帧"后，就有了随着时间数值增长的效果，利用此特征来制作财富增长的效果。所以要尽可能地熟悉每一种效果的属性内容，加以变通，成为项目制作的良好素材。

3.5　镜头光晕

工程文件：工程文件 / 第 3 章 /3.5 镜头光晕 .prproj
视频教学：视频教学 / 第 3 章 /3.5 镜头光晕 .mp4
技术要点：掌握【镜头光晕】效果的使用方法

3.5.1　案例思路

　　本案例介绍【镜头光晕】效果的两种使用方法。将一张图片校色，并添加夕阳光晕效果，再利用【镜头光晕】效果制作素材之间的转场过渡效果。

3.5.2　制作步骤

1. 设置项目

STEP 1 新建项目和【HDV 720p25】预设序列。

STEP 2 双击【项目】面板的空白处，导入"图片01.jpg""图片02.jpg"和"图片03.jpg"素材文件，如图3-61所示。

STEP 3 添加素材。在【项目】面板的空白处执行右键菜单中的【新建项目】>【黑场视频】命令。

STEP 4 选择【项目】面板中的"图片01.jpg"～"图片03.jpg"素材，执行右键菜单中的【速度/持续时间】命令，在弹出的对话框中设置【持续时间】为00:00:03:00，如图3-62所示。

图3-61

图3-62

STEP 5 将"图片01.jpg"～"图片03.jpg"素材拖曳到视频轨道V1中，将"黑场视频"素材拖曳到视频轨道V2的00:00:04:00位置，如图3-63所示。

2. 调节静帧图片

STEP 1 添加效果。激活"图片01.jpg"素材的【效果控件】面板，然后双击【效果】面板中的【视频效果】>【生成】>【镜头光晕】效果和【颜色校正】>【颜色平衡】效果，如图3-64所示。

图3-63

STEP 2 设置【镜头光晕】效果的【光晕中心】为(500.0,200.0)，【光晕亮度】为120%，【镜头类型】为"35毫米定焦"，如图3-65所示。

图3-64　　　　　　　　　　　　　　　图3-65

STEP 3 设置【颜色平衡】效果的【阴影红色平衡】为40.0，【阴影绿色平衡】为-10.0，【阴影蓝色平衡】为-20.0，【中间调红色平衡】为30.0，【中间调绿色平衡】为-30.0，【中间调蓝色平衡】为-30.0，【高光红色平衡】为10.0，如图3-66所示。

图3-66

3. 设置转场过渡效果

STEP 1 将【效果】面板中的【镜头光晕】效果添加到"黑场视频"素材上。

STEP 2 在"黑场视频"素材的【效果控件】面板中设置【不透明度】的【混合模式】为"滤色"，如图3-67所示。

STEP 3 将【当前时间指示器】移动到00:00:05:00位置，打开【光晕中心】和【光晕亮度】的【切换动画】按钮，设置【光晕中心】为(0.0,288.0)，【光晕亮度】为0%；将【当前时间指示器】移动到00:00:06:00位置，设置【光晕亮度】为230%；将【当前时间指示器】移动到00:00:07:00位置，设置【光晕中心】为(1280.0,288.0)，【光晕亮度】为0%，如图3-68所示。

◀ 图3-67

◀ 图3-68

4. 查看最终效果

在【节目监视器】面板中查看最终画面效果，如图3-69所示。

◀ 图3-69

3.5.3 技术总结 Q →

【镜头光晕】效果可以为静止图像添加光晕效果，也可以作用于两个素材，成为转场过渡效果。【镜头光晕】效果在转场时一定要在剪辑点处调大【光晕亮度】的数值，使其产生闪白的转场效果。

3.6 光照油画

工程文件：工程文件 / 第 3 章 /3.6 光照油画 .prproj
视频教学：视频教学 / 第 3 章 /3.6 光照油画 .mp4
技术要点：掌握【光照效果】视频效果的使用方法

3.6.1　案例思路

　　本案例通过将一张图片调整为油画效果，从而使读者熟悉【光照效果】视频效果的使用方法。本案例的制作思路是先将图片调整为油画效果，再将其放入油画框中。

3.6.2　制作步骤

1.　设置项目

STEP 1　新建项目和【HDV 720p25】预设序列。

STEP 2　双击【项目】面板的空白处，导入"图片01.jpg"和"图片02.jpg"素材文件，如图3-70所示。

STEP 3　将"图片01.jpg"和"图片02.jpg"素材分别拖曳到视频轨道V1和V2中，如图3-71所示。

图3-70

图3-71

2.　制作油画效果

STEP 1　添加效果。激活"图片02.jpg"素材的【效果控件】面板，然后双击【效果】面板中的【视频效果】>【调整】>【光照效果】视频效果，如图3-72所示。

图3-72

STEP 2 在【效果控件】面板中单
击【光照效果】视频效果，在【节
目监视器】面板中调整【选择缩放
级别】选项，然后手动调整照明角
度和范围，如图3-73所示。

STEP 3 设置【光照效果】视频效
果的【环境光照颜色】为(R:70,G:0,
B:255)，【环境光照强度】为65.0，
【表面光泽】为100.0，【表面材
质】为50.0，【曝光】为-45.0，
【凹凸层】为"视频2"，【凹凸
高度】为50.0，勾选【白色部分凸
起】选项，如图3-74所示。

◀ 图3-73

◀ 图3-74

STEP 4 激活"图片02.jpg"素材的【效果控件】面板，设置【缩放】为62.0，如图3-75所示。

◀ 图3-75

3. 查看最终效果

在【节目监视器】面板中查看最终画面效果，如图3-76所示。

图3-76

3.6.3　技术总结

通过本案例的制作，读者应该了解到【光照效果】视频效果可以给素材再次添加光线照明效果，统一画面的光源。本案例中还应用了一个制作技巧，就是可以直接在【节目监视器】面板中调节部分属性效果。在【效果控件】面板中单击某些效果属性的名称，可以直接在【节目监视器】面板中调节效果的位置和范围等属性。

3.7　键控抠像

工程文件：工程文件 / 第 3 章 /3.7 键控抠像 .prproj
视频教学：视频教学 / 第 3 章 /3.7 键控抠像 .mp4
技术要点：掌握使用【键控】效果抠像的方法

3.7.1　案例思路

本案例通过使用【键控】效果文件夹中的效果将素材图像中不需要的部分抠除掉，使读者了解抠像技术的使用方法。

3.7.2　制作步骤

1. 设置项目

STEP 1 新建项目和【HDV 720p25】预设序列。

STEP 2 双击【项目】面板的空白处，导入"图片01.jpg""图片02.png"和"图片03.jpg"素材文件，如图3-77所示。

2. 设置通道

STEP 1 将"图片01.jpg"和"图片02.png"素材分别拖曳到视频轨道V1和V2上，如图3-78所示。

▣ 图3-77

▣ 图3-78

STEP 2 选择漂亮的浅色区域。激活"图片02.png"素材的【效果控件】面板，设置【位置】为(500.0,360.0)，【缩放】为75.0，如图3-79所示。

▣ 图3-79

STEP 3 添加效果。激活"图片01.jpg"素材的【效果控件】面板，然后双击【效果】面板中的【视频效果】>【键控】>【轨道遮罩键】效果，设置【遮罩】为"视频2"，如图3-80所示。

▣ 图3-80

STEP 4 继续设置"图片01.jpg"素材的【位置】为(1000.0,360.0),【缩放】为90.0,如图3-81所示。

3. 提取标题

STEP 1 将"图片03.jpg"素材拖曳到视频轨道V3上,并将序列中素材的出点移动到00:00:04:00位置,如图3-82所示。

◁ 图3-81

STEP 2 为"图片03.jpg"素材添加【视频效果】>【键控】>【非红色键】效果和【颜色键】效果,如图3-83所示。

◁ 图3-82

◁ 图3-83

STEP 3 设置【非红色键】效果的【阈值】为50.0%,【颜色键】效果的【主要颜色】为(R:255,G:255,B:255),【颜色容差】为255,【边缘细化】为-3,如图3-84所示。

◁ 图3-84

> **提 示**
>
> 【非红色键】效果可以同时去除素材中的蓝色和绿色背景。因为在摄影棚拍摄时,多选用蓝色或绿色作为背景颜色。

4. 查看最终效果 🖉

在【节目监视器】面板中查看最终画面效果，如图3-85所示。

◀ 图3-85

3.7.3 技术总结 Q →

通过本案例的制作，读者应该了解抠像技术的使用方法了。【轨道遮罩键】效果可以选择遮罩选取的位置和大小，也可以调整所要素材的位置和大小，但这两个所作用的素材是不一样的，所以在操作时需认真分清。【颜色键】效果本身是去除颜色的，但反其道而行之，可以将【边缘细化】数值设为负数，这样就会保留一些原来的颜色，得到描边的效果。

3.8 马赛克效果

工程文件：工程文件 / 第 3 章 /3.8 马赛克效果 .prproj
视频教学：视频教学 / 第 3 章 /3.8 马赛克效果 .mp4
技术要点：掌握给视频人物制作【马赛克】效果的方法

3.8.1 案例思路 Q →

本案例主要介绍视频中【马赛克】效果的制作方法，其制作思路是先单独提取需要制作【马赛克】效果的部分，使其覆盖在原始图像之上即可。

3.8.2 制作步骤 Q →

1. 创建项目 🖉

STEP 1 新建项目，然后双击【项目】面板的空白处，弹出【导入】对话框，导入"视频01.mp4"素材文件，如图3-86所示。

STEP 2 选择【项目】面板中的"视频01.mp4"素材，执行右键菜单中的【从剪辑新建序列】命令，命令执行后，素材会在新创建的序列中显示，如图3-87所示。

图3-86   图3-87

STEP 3 删除音频。按住Alt键的同时选择音频部分，然后按键盘上的 Delete键即可，如图3-88
所示。

STEP 4 复制素材。按住Alt键的同时将视频轨道V1中的素材拖曳到视频轨道V2中，并关闭视频
轨道V1的【切换轨道输出】功能，如图3-89所示。

图3-88   图3-89

2. 制作局部效果

STEP 1 添加效果。激活视频轨道V2上"视频01.mp4"素材的【效果控件】面板，然后双击【效
果】面板中的【视频效果】>【变换】>【裁剪】效果和【风格化】>【马赛克】效果，并关闭
【马赛克】效果的【切换效果开关】按钮，如图3-90所示。

图3-90

STEP 2 将【当前时间指示器】移动到00:00:01:00位置，打开【左侧】、【顶部】、【右侧】和【底部】的【切换动画】按钮，设置【左侧】为68.0%，【顶部】为25.0%，【右侧】为20.0%，【底部】为53.0%，【羽化边缘】为20，如图3-91所示。

图3-91

STEP 3 打开视频轨道V1的【切换轨道输出】功能。

STEP 4 将【当前时间指示器】移动到00:00:01:23位置，设置【左侧】为48.0%，【顶部】为30.0%，【右侧】为38.0%，【底部】为47.0%，如图3-92所示。

图3-92

STEP 5 将【当前时间指示器】移动到00:00:02:03位置，设置【左侧】为43.0%，【顶部】为39.0%，【右侧】为43.0%，【底部】为40.0%，如图3-93所示。

STEP 6 将【当前时间指示器】移动到00:00:02:14位置，设置【左侧】为60.0%，【顶部】为28.0%，【右侧】为25.0%，【底部】为50.0%，如图3-94所示。

STEP 7 将【当前时间指示器】移动到00:00:02:20位置，设置【左侧】为65.0%，【顶部】为34.0%，【右侧】为22.0%，【底部】为44.0%，如图3-95所示。

图3-93

图3-94

图3-95

STEP 8 开启【马赛克】效果的【切换效果开关】按钮，设置【水平块】为50，【垂直块】为50，如图3-96所示。

▣ 图3-96

3. 查看最终效果

在【节目监视器】面板中查看最终画面效果，如图3-97所示。

▣ 图3-97

3.8.3 技术总结

通过本案例的制作，读者应该已经掌握了【马赛克】效果的制作方法。本案例在制作时有以下几个小技巧。

在裁剪局部画面时，为了明显看出裁剪画面的内容，需关闭显示下层重复的画面内容，以方便查看。

在选取关键帧时，要先选择首尾动作变化的帧为关键帧，然后找寻动作转折的帧为关键帧，最后调整画面出现问题较大的帧。这样可以减少关键帧的数量，保证动画的流畅。

在观察运动中的截取范围时，可以在【效果控件】面板中单击【裁剪】效果，这样在【节目监视器】中就会显示蓝色的截取范围，方便制作者查看。

第 4 章
视频过渡

本章主要讲解视频过渡效果的使用方法。通过本章的学习，读者可以掌握多个文件夹中的视频过渡效果的应用方法，并可以根据项目的画面内容选择适合的过渡效果。通过对 6 个案例的讲解，使读者掌握【交叉溶解】、【页面剥落】、【划出】、【棋盘】、【渐变擦除】、【立方体旋转】等视频过渡效果的具体操作方法和技巧。

4.1 溶解过渡

工程文件：工程文件 / 第 4 章 /4.1 溶解过渡 .prproj
视频教学：视频教学 / 第 4 章 /4.1 溶解过渡 .mp4
技术要点：掌握使用溶解效果的几种方法

4.1.1 案例思路   🔍   ➡

本案例主要介绍使用默认溶解效果的几种常用方法，以及默认过渡效果的相关设置。

4.1.2 制作步骤   🔍   ➡

1. 设置项目

STEP 1 新建项目和【HDV 720p25】预设序列。

STEP 2 双击【项目】面板的空白处，导入"图片01.jpg"～"图片08.jpg"素材文件，如图4-1所示。

STEP 3 选择【项目】面板中的"图片01.jpg"～"图片08.jpg"素材，执行右键菜单中的【速度/持续时间】命令，在弹出的对话框中设置【持续时间】为00:00:02:00，如图4-2所示。

STEP 4 执行菜单【编辑】>【首选项】>【时间轴】命令，在弹出的对话框中设置【视频过渡默认持续时间】为"20帧"，如图4-3所示。

◁ 图4-1

图4-2

图4-3

STEP 5 检查【效果】面板中的【溶解】>【交叉溶解】效果是否为默认过渡效果，如果不是，则执行右键菜单中的【将所选过渡设置为默认过渡】命令，**如图4-4所示。**

2. 设置过渡效果

STEP 1 选择【项目】面板中的"图片01.jpg"～"图片05.jpg"素材，单击【自动匹配序列】按钮，如图4-5所示。

图4-4

图4-5

STEP 2 在弹出的【序列自动化】对话框中设置【剪辑重叠】为"20帧"，选择【每个静止剪辑的帧数】选项，并设置为"60帧"，如图4-6所示。

STEP 3 将"图片06.jpg"～"图片08.jpg"**素材拖曳到00:00:08:20位置，如图4-7所示。**

图4-6

图4-7

STEP 4 将【效果】面板中的【视频过渡】>【溶解】>【交叉溶解】过渡效果拖曳到素材"图片05.jpg"和"图片06.jpg"素材之间，如图4-8所示。

STEP 5 将鼠标指针移动到素材"图片06.jpg"和"图片07.jpg"之间的编辑点处，并执行右键菜单中的【应用默认过渡】命令，如图4-9所示。

图4-8

图4-9

STEP 6 激活素材"图片07.jpg"和"图片08.jpg"之间的编辑点，并使用键盘上的快捷键Ctrl+D，如图4-10所示。

STEP 7 选择序列出点，执行菜单【序列】>【应用视频过渡】命令，双击添加的效果，在弹出的对话框中设置【持续时间】为00:00:01:00，如图4-11所示。

图4-10

图4-11

3.　查看最终效果

在【节目监视器】面板中查看最终画面效果，如图4-12所示。

◀ 图4-12

4.1.3 技术总结

通过本案例的制作，读者应该已经掌握多种添加默认过渡效果的使用方法了。当然除了添加过渡效果外，还有许多其他的方法也可以实现渐变叠化的效果，例如使用素材的不透明度属性。

除了溶解效果，还可以设置其他过渡效果为默认过渡效果，并在【首选项】对话框中事先设置好过渡时长。

4.2 喵的相册

工程文件：工程文件 / 第 4 章 /4.2 喵的相册 .prproj
视频教学：视频教学 / 第 4 章 /4.2 喵的相册 .mp4
技术要点：掌握【页面剥落】过渡效果的使用方法

4.2.1 案例思路

本案例利用【页面剥落】过渡效果来模拟翻动相册的效果。制作思路是先制作一个相册封面，然后依次添加相册内容，最后添加过渡效果。

4.2.2　制作步骤

1. 设置序列

STEP 1　新建项目和【HDV 720p25】预设序列。

STEP 2　双击【项目】面板的空白处，导入"图片01.jpg"～"图片06.jpg"素材文件，如图4-13所示。

STEP 3　选择【项目】面板中的"图片01.jpg"～"图片06.jpg"素材，执行右键菜单中的【速度/持续时间】命令，在弹出的对话框中设置【持续时间】为00:00:02:00，如图4-14所示。

图4-13

图4-14

STEP 4　将"图片01.jpg"～"图片06.jpg"素材拖曳到视频轨道V1中，然后执行菜单【图形】>【新建图层】>【文本】命令，并将"新建文本图层"的出点与视频轨道V1中的"图片01.jpg"素材的出点位置对齐，如图4-15所示。

2. 制作相册

STEP 1　在【节目监视器】面板中设置"新建文本图层"文本的内容为"喵的相册"，如图4-16所示。

图4-15

图4-16

STEP 2 激活文本的【效果控件】面板，设置【字体】为"微软雅黑"，【字体样式】为"粗体"，【对齐】为"居中对齐文本"，填充为(R:200,G:160,B:150)，【位置】为(640.0,615.0)，如图4-17所示。

◀ 图4-17

STEP 3 选择序列中的"喵的相册"和"图片01.jpg"素材文件，执行右键菜单中的【嵌套】命令，命令执行后，序列中会显示新建的"嵌套序列01"素材，如图4-18所示。

◀ 图4-18

STEP 4 将【效果】面板中的【视频过渡】>【页面剥落】>【页面剥落】过渡效果依次拖曳到00:00:02:00、00:00:04:00、00:00:06:00、00:00:08:00和00:00:10:00，如图4-19所示。

STEP 5 依次单击序列中的【页面剥落】效果，在【效果控件】面板中设置【边缘选择器】为"自东南向西北"，【对齐】为"终点切入"，【持续时间】为00:00:00:20，如图4-20所示。

◀ 图4-19

◀ 图4-20

在00:00:02:00中添加过渡效果时，默认的对齐方式为"终点切入"，这是因为软件自动将"嵌套序列 01"素材默认为视频素材，而常规视频素材的长度是固定的，不适合作为过渡效果延伸内容。如果过渡到下一素材，也只是将最后一帧的画面内容进行过渡。

3. **查看最终效果**

在【节目监视器】面板中查看最终画面效果，如图4-21所示。

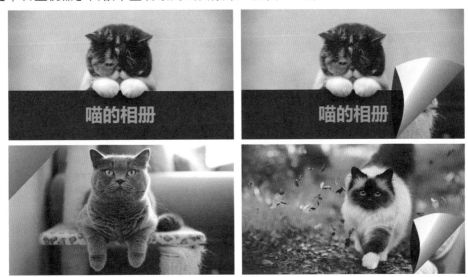

图4-21

4.2.3 技术总结

通过本案例的制作，读者应该了解【页面剥落】过渡效果的使用方法了。过渡效果可以在【效果控件】面板中详细设置，有些效果还可以设置其过渡的起始方向。

4.3 画卷展开

工程文件：工程文件 / 第 4 章 /4.3 画卷展开 .prproj
视频教学：视频教学 / 第 4 章 /4.3 画卷展开 .mp4
技术要点：掌握【划出】过渡效果的使用方法

4.3.1 案例思路

本案例利用【划出】过渡效果来模拟画卷展开的效果。制作思路是先制作两个画轴，遮挡画卷边缘，然后再制作展开的效果。

| 4.3.2 制作步骤

1. 创建项目

STEP 1 新建项目，然后双击【项目】面板的空白处，弹出【导入】对话框，导入"图像.png"素材文件，如图4-22所示。

STEP 2 选择【项目】面板中的"图像.png"素材，执行右键菜单中的【从剪辑新建序列】命令，命令执行后，素材会在新创建的序列中显示，如图4-23所示。

图4-22

图4-23

2. 制作画轴

STEP 1 单击【项目】面板的空白处，执行右键菜单中的【新建项目】>【黑场视频】命令，在弹出的【新建黑场视频】对话框中设置【宽度】为100，【高度】为720，如图4-24所示。

STEP 2 将"黑场视频"素材拖曳到视频轨道V2上，如图4-25所示。

图4-24

图4-25

STEP 3 添加效果。激活"黑场视频"素材的【效果控件】面板，然后双击【效果】面板中的【视频效果】>【生成】>【渐变】效果和【扭曲】>【镜像】效果，如图4-26所示。

STEP 4 设置【渐变】效果的【渐变起点】为(0.0,360.0)，【起始颜色】为(R:60,G:25,B:0)，【渐变终点】为(100.0,360.0)，【结束颜色】为(R:230,G:130,B:0)，【渐变扩散】为200.0；设置【镜像】效果的【反射中心】为(50.0,360.0)，如图4-27所示。

STEP 5 取消勾选【等比缩放】选项，设置【缩放高度】为88.0，如图4-28所示。

图4-26

图4-27

图4-28

STEP 6▶ 复制素材。按住Alt键，然后将视频轨道V2上的"黑场视频"素材复制到视频轨道V3上，如图4-29所示。

STEP 7▶ 将【效果】面板中的【视频效果】>【颜色校正】>【颜色平衡(HLS)】效果添加到视频轨道V2的"黑场视频"素材上。

STEP 8▶ 设置【缩放高度】为95.0，【缩放宽度】为70.0，【色相】为-10.0°，【亮度】-40.0，【饱和度】为-10.0，如图4-30所示。

图4-29

图4-30

STEP 9▶ 选择视频轨道V2和V3中的素材，执行右键菜单中的【嵌套】命令，命令执行后，序列中会显示新建的"嵌套序列01"素材，如图4-31所示。

3. 设置动画

STEP 1▶ 将【效果】面板中的【视频过渡】>【擦除】>【划出】过渡效果拖曳到视频轨道V1素材的入点位置，如图4-32所示。

图4-31

图4-32

STEP 2▶ 激活【划出】过渡效果的【效果控件】面板，设置【持续时间】为00:00:05:00，【开始】为2.9，如图4-33所示。

STEP 3▶ 激活"嵌套序列01"素材的【效果控件】面板，设置【位置】为(60.0,360.0)，如图4-34所示。

STEP 4▶ 复制素材。按住Alt键，然后将视频轨道V2上的"嵌套序列01"素材复制到视频轨道V3上，如图4-35所示。

图4-33

图4-34

图4-35

STEP 5 激活视频轨道V3中"嵌套序列 01"素材的【效果控件】面板,将【当前时间指示器】移动到00:00:00:06位置,打开【位置】的【切换动画】按钮,设置【位置】为(160.0,360.0),如图4-36所示。

STEP 6 将【当前时间指示器】移动到00:00:04:21位置,设置【位置】为(1860.0,360.0),如图4-37所示。

图4-36

图4-37

4. 查看最终效果

在【节目监视器】面板中查看最终画面效果，如图4-38所示。

图4-38

4.3.3　技术总结　　　🔍

通过本案例的制作，读者应该已经掌握制作展开画卷的方法了。使用【渐变】和【镜像】效果就可以制作出画轴的效果。本案例的技术要点在于画轴的运动速度和位置，必须和底层【划出】过渡效果的运动速度和位置相匹配。所以，在制作时一定要多观察底层图像的运动速率。

4.4　形状过渡

工程文件：工程文件 / 第 4 章 /4.4 形状过渡 .prproj
视频教学：视频教学 / 第 4 章 /4.4 形状过渡 .mp4
技术要点：掌握各种形状过渡效果的使用方法

4.4.1　案例思路　　　🔍

本案例主要介绍各种形状过渡效果的使用方法。根据素材图像的内容选择合适的过渡效果。

4.4.2　制作步骤　　　🔍

1.　创建项目

STEP 1 新建项目和【HDV 720p25】预设序列。

STEP 2 双击【项目】面板的空白处，导入"图片01.jpg"～"图片07.jpg"素材文件，如图4-39所示。

STEP 3 选择【项目】面板中的所有素材，执行右键菜单中的【速度/持续时间】命令，在弹出的对话框中设置【持续时间】为00:00:02:00，如图4-40所示。

◁ 图4-39

◁ 图4-40

STEP 4 将"图片01.jpg"～"图片07.jpg"素材拖曳到视频轨道V1中，如图4-41所示。

2. 设置过渡效果

STEP 1 将【效果】面板中的【视频过渡】>【擦除】>【棋盘】过渡效果拖曳到"图片01.jpg"和"图片02.jpg"素材之间，如图4-42所示。

◀ 图4-41

◀ 图4-42

STEP 2 激活【棋盘】过渡效果的【效果控件】面板，单击【自定义】按钮，设置【水平切片】为32，【垂直切片】为32，如图4-43所示。

◀ 图4-43

STEP 3 将【效果】面板中的【视频过渡】>【擦除】>【时钟式擦除】过渡效果拖曳到"图片02.jpg"和"图片03.jpg"素材之间。

STEP 4 将【效果】面板中的【视频过渡】>【擦除】>【风车】过渡效果拖曳到"图片03.jpg"和"图片04.jpg"素材之间。

STEP 5 激活【风车】过渡效果的【效果控件】面板，单击【自定义】按钮，设置【楔形数量】为12，如图4-44所示。

图4-44

STEP 6 将【效果】面板中的【视频过渡】>【擦除】>【渐变擦除】过渡效果拖曳到"图片04.jpg"和"图片05.jpg"素材之间，在弹出的【渐变擦除设置】对话框中单击【选择图像】按钮，选择"图片08.jpg"素材，设置【柔和度】为20，如图4-45所示。

图4-45

STEP 7 将【效果】面板中的【视频过渡】>【划像】>【圆划像】过渡效果拖曳到"图片05.jpg"和"图片06.jpg"素材之间。

STEP 8 将【效果】面板中的【视频过渡】>【划像】>【交叉划像】过渡效果拖曳到"图片06.jpg"和"图片07.jpg"素材之间。

3. 查看最终效果

在【节目监视器】面板中查看最终画面效果，如图4-46所示。

◁ 图4-46

4.4.3 技术总结 🔍 ➡

在视频制作中，技术是为艺术服务的，所以最高级的技术就是艺术本身。所有的制作技巧都是为画面服务的，所以我们需要认真地研究素材画面，选取合适的过渡技巧。本案例中的素材图像，都有明显的形状特征，因此选择合适的过渡效果可以使画面转换更加自然流畅。

4.5 滑动广告

工程文件：工程文件/第 4 章/4.5 滑动广告 .prproj
视频教学：视频教学/第 4 章/4.5 滑动广告 .mp4
技术要点：掌握【立方体旋转】和【推】过渡效果的使用方法

4.5.1 案例思路 🔍 ➡

本案例主要使用【立方体旋转】和【推】过渡效果模拟电子广告屏中关于汽车展示的广告。

4.5.2　制作步骤

1.　创建项目

STEP 1 新建项目和【HDV 720p25】预设序列。

STEP 2 双击【项目】面板的空白处，导入"图片01.jpg"～"图片21.jpg"素材文件，如图4-47所示。

图4-47

STEP 3 选择【项目】面板中的所有素材，执行右键菜单中的【速度/持续时间】命令，在弹出的对话框中设置【持续时间】为00:00:02:00，如图4-48所示。

STEP 4 按照顺序将"图片01.jpg"～"图片20.jpg"素材拖曳到视频轨道V1中，如图4-49所示。

图4-48

图4-49

2.　设置过渡效果

STEP 1 将【效果】面板中的【视频过渡】>【3D 运动】>【立方体旋转】过渡效果依次添加到00:00:02:00、00:00:04:00、00:00:06:00和00:00:08:00位置，如图4-50所示。

STEP 2 再将【效果】面板中的【视频过渡】>【滑动】>【推】过渡效果依次添加到00:00:12:00、00:00:14:00、00:00:16:00、00:00:18:00、00:00:22:00、00:00:24:00、00:00:26:00、00:00:28:00、00:00:32:00、00:00:34:00、00:00:36:00和00:00:38:00位置，如图4-51所示。

图4-50

图4-51

3. 设置图像位置

STEP 1 选择00:00:00:00到00:00:10:00之间的素材，执行右键菜单中的【嵌套】命令，设置名称为"嵌套序列 01"；选择00:00:10:00到00:00:20:00之间的素材，执行右键菜单中的【嵌套】命令，设置名称为"嵌套序列 02"；选择00:00:20:00到00:00:30:00之间的素材，执行右键菜单中的【嵌套】命令，设置名称为"嵌套序列 03"；选择00:00:30:00到00:00:40:00之间的素材，执行右键菜单中的【嵌套】命令，设置名称为"嵌套序列 04"，如图4-52所示。

STEP 2 分别将"嵌套序列 01"～"嵌套序列 04"素材移动到视频轨道V2～V5上。将"图片21.jpg"添加到视频轨道V1中，并将出点位置与视频轨道V2的出点位置对齐。关闭视频轨道V2～V4上的【切换轨道输出】功能，如图4-53所示。

图4-52

图4-53

STEP 3 激活视频轨道V5中"嵌套序列 04"素材的【效果控件】面板，设置【位置】为(1155.0,330.0)，【缩放】为12.0，如图4-54所示。

图4-54

STEP 4 开启视频轨道V4的【切换轨道输出】功能。激活"嵌套序列 03"素材的【效果控件】面板，设置【位置】为(980.0,330.0)，【缩放】为12.0，如图4-55所示。

图4-55

STEP 5 开启视频轨道V3的【切换轨道输出】功能。激活"嵌套序列 02"素材的【效果控件】面板，设置【位置】为(800.0,330.0)，【缩放】为12.0，如图4-56所示。

图4-56

STEP 6 开启视频轨道V2的【切换轨道输出】功能。激活"嵌套序列 01"素材的【效果控件】面板，设置【位置】为(370.0,330.0)，【缩放】为45.0，如图4-57所示。

图4-57

4. 查看最终效果

在【节目监视器】面板中查看最终画面效果，如图4-58所示。

◁ 图4-58

4.5.3 技术总结 🔍 ➡

本案例中虽然图像都是从左向右移出，但是画面效果上还是有细微差别。这样就将主要内容与次要内容区别开来，但还保持节奏的统一。

4.6 渐隐过渡

工程文件：工程文件 / 第 4 章 /4.6 渐隐过渡 .prproj
视频教学：视频教学 / 第 4 章 /4.6 渐隐过渡 .mp4
技术要点：掌握使用【渐隐为黑色】效果制作预告片的方法

4.6.1 案例思路 🔍 ➡

本案例主要介绍使用【渐隐为黑色】过渡效果制作电影预告片的方法。【交叉溶解】和

【渐隐为黑色】过渡效果是影视创作中最为常用的转场效果。【渐隐为黑色】过渡效果在影视宣传片中较为常用，本案例就是通过节奏的变化配合【渐隐为黑色】过渡效果制作一个影视宣传片。

4.6.2 制作步骤

1. 创建项目

STEP 1 新建项目和【HDV 720p25】预设序列。

STEP 2 双击【项目】面板的空白处，导入"图片01.jpg"～"图片11.jpg"素材文件，如图4-59所示。

STEP 3 新建素材。右击【项目】面板的空白处，执行右键菜单中的【新建项目】>【黑场视频】命令。

STEP 4 选择"图片01.jpg"～"图片03.jpg"素材和"黑场视频"素材文件，执行右键菜单中的【速度/持续时间】命令，在弹出的对话框中设置【持续时间】为00:00:02:00，如图4-60所示。

图4-59

图4-60

2. 设置画面运动效果

STEP 1 将"图片01.jpg"～"图片03.jpg"素材和"黑场视频"素材文件添加到序列中，如图4-61所示。

STEP 2 激活"图片01.jpg"素材的【效果控件】面板，将【当前时间指示器】移动到00:00:00:00位置，打开【缩放】的【切换

图4-61

动画】按钮，设置【缩放】为100.0；将【当前时间指示器】移动到00:00:01:24位置，设置【缩放】为115.0，如图4-62所示。

STEP 3 激活"图片02.jpg"素材的【效果控件】面板，将【当前时间指示器】移动到00:00:02:00位置，打开【位置】的【切换动画】按钮，设置【位置】为(690.0,360.0)，【缩放】为110.0；将【当前时间指示器】移动到00:00:03:24位置，设置【位置】为(610.0,360.0)，如图4-63所示。

◀ 图4-62

◀ 图4-63

STEP 4 ▶ 激活"图片03.jpg"素材的【效果控件】面板，将【当前时间指示器】移动到00:00:04:00
位置，打开【缩放】的【切换动画】按钮，设置【缩放】为130.0；将【当前时间指示器】移动
到00:00:05:24位置，设置【缩放】为120.0，如图4-64所示。

◀ 图4-64

STEP 5　将【效果】面板中的【视频过渡】>【溶解】>【渐隐为黑色】过渡效果依次添加到
00:00:02:00、00:00:04:00和00:00:06:00位置，如图4-65所示。

图4-65

3. 设置画面节奏

STEP 1　选择"图片04.jpg"～"图片07.jpg"素材，执行右键菜单中的【速度/持续时间】命令，
在弹出的对话框中设置【持续时间】为00:00:00:20。

STEP 2　选择"图片08.jpg"～"图片10.jpg"素材，执行右键菜单中的【速度/持续时间】命令，
在弹出的对话框中设置【持续时间】为00:00:00:10。

STEP 3　依次选择"图片04.jpg"～"图片10.jpg"
素材、"黑场视频"素材和"图片11.jpg"素
材，将其拖曳到00:00:07:00位置，如图4-66
所示。

STEP 4　激活"图片11.jpg"素材的【效果控件】
面板，将【当前时间指示器】移动到00:00:13:10

图4-66

位置，打开【缩放】的【切换动画】按钮，设置【缩放】为100.0；将【当前时间指示器】移动
到00:00:17:00位置，设置【缩放】为113.0，如图4-67所示。

图4-67

STEP 5 将"图片11.jpg"素材的出点移动到 00:00:17:00位置，并执行右键菜单中的【应用默认过渡】命令，设置过渡的【持续时间】为 00:00:01:05，如图4-68所示。

4. 查看最终效果 🖑

在【节目监视器】面板中查看最终画面效果，如图4-69所示。

◀ 图4-68

◀ 图4-69

| 4.6.3 技术总结

通过本案例的制作，读者应该已经掌握制作影视宣传片的方法了。影视宣传片一般都是影片中的精彩画面片段，其内容都是不连贯的，因此镜头之间多用【渐隐为黑色】过渡效果衔接。【渐隐为黑色】过渡效果是两个素材之间的过渡效果，无法设置两个镜头之间完全黑色画面的时长，因此使用"黑场视频"素材进行占位。在没有其他素材过渡的情况下，【交叉溶解】素材也可以产生渐隐的效果。

第 5 章

音频效果

本章主要讲解音频效果和音频过渡效果的使用方法。通过本章的学习，读者可以掌握使用【基本声音】面板和【音轨混合器】面板等方式编辑声音的方法。通过对 6 个案例的讲解，使读者掌握【恒定增益】、【声道音量】、【平衡】等音频效果的具体操作方法和技巧。

5.1 音频剪辑

工程文件：工程文件 / 第 5 章 /5.1 音频剪辑 .prproj
视频教学：视频教学 / 第 5 章 /5.1 音频剪辑 .mp4
技术要点：了解音频剪辑的方法

5.1.1 案例思路

本案例主要对音频素材进行简单的剪辑，并添加效果，使读者熟悉音频剪辑的方法。音频剪辑的思路与视频剪辑的思路基本相同。

5.1.2 制作步骤

1. 创建项目

STEP 1 新建项目和【HDV 720p25】预设序列。

STEP 2 双击【项目】面板的空白处，导入"音频01.mp3"和"音频02.mp3"素材文件，如图5-1所示。

STEP 3 将"音频01.mp3"和"音频02.mp3"素材添加到序列中，如图5-2所示。

2. 查看素材

STEP 1 双击"音频01.mp3"素材，就会在【源监视器】面板中显示"音频01.mp3"素材的音波图，观察音波曲线变化，如图5-3所示。

◁ 图5-1

图5-2

图5-3

STEP 2 调整音频素材的轨道高度，也可以观察到素材的音波形状，如图5-4所示。

STEP 3 在【项目】面板中以【列表视图】模式显示素材，观察到音频素材的显示单位与视频素材有所不同，如图5-5所示。

图5-4

图5-5

STEP 4 如果需要在【时间轴】面板中显示音频时间单位，则可以单击【序列】旁的【列表】选项，勾选【显示音频时间单位】选项，如图5-6所示。

3. 添加效果

STEP 1 通过观察波形，聆听声音，感觉"音频01.mp3"素材的高音分贝音量略高，因此要将高音降低一些。激活"音频01.mp3"素材的【效果控件】面板，将【效果】面板中的【音频效果】>【高音】效果拖曳到【效果控件】面板中，如图5-7所示。

图5-6

STEP 2 设置【高音】效果的【提升】为-20.0dB，如图5-8所示。

图5-7

图5-8

STEP 3 分别在00:00:08:00、00:00:55:00和00:01:04:00位置，执行菜单【序列】>【添加编辑】命令，如图5-9所示。

STEP 4 分别选择00:00:08:00到00:00:55:00之间的素材，以及00:01:04:00右侧的素材，执行右键菜单中的【波纹删除】命令，如图5-10所示。

图5-9　　　　　　　　　　　　　　　　　　　　　图5-10

4.　添加过渡效果

STEP 1 激活【效果】面板，将【音频过渡】>【交叉淡化】>【恒定增益】效果添加到两个素材之间，如图5-11所示。

STEP 2 在【效果】面板中观察到音频过渡的默认效果是【恒定功率】效果，如图5-12所示。

图5-11　　　　　　　　　　　　　　　　　　　　　图5-12

STEP 3 在序列出点位置执行右键菜单中的【应用默认过渡】命令，效果如图5-13所示。

STEP 4 分别单击两种过渡效果，在【效果控件】面板中设置【持续时间】为00:00:04:00，如图5-14所示。

图5-13　　　　　　　　　　　　　　　　　　　　　图5-14

5.　查看最终效果

在【节目监视器】面板中欣赏最终声音效果。

5.1.3　技术总结　　　　　　　　　　　　　🔍

通过本案例的制作，读者应该已经熟悉音频的剪辑方法了。在本案例中应用到了查看音频波形、监听音频声音、剪辑音频素材、添加音频效果和添加音频过渡效果等制作方法。

5.2 平衡效果

工程文件：工程文件 / 第 5 章 /5.2 平衡效果 .prproj
视频教学：视频教学 / 第 5 章 /5.2 平衡效果 .mp4
技术要点：掌握调节左右声道的方法

5.2.1 案例思路

    本案例主要介绍调节左右声道音量的方法，通过【声道音量】和【平衡】效果调整左右声道的音量，从而模拟出飞机从左侧向右侧掠过的效果。

5.2.2 制作步骤

1. 创建项目

STEP 1 新建项目和【HDV 720p25】预设序列。

STEP 2 双击【项目】面板的空白处，导入"音频01.mp3"素材文件，如图5-15所示。

STEP 3 将"音频01.mp3"素材添加到序列中，如图5-16所示。

◀ 图5-15

◀ 图5-16

2. 设置变化效果

STEP 1 添加效果。激活"音频01.mp3"素材的【效果控件】面板，然后双击【效果】面板中的【音频效果】>【声道音量】和【平衡】效果，如图5-17所示。

STEP 2 将【当前时间指示器】移动到00:00:00:00位置，打开【左】、【右】和【平衡】的【切换动画】按钮，设置【声道音量】效果的【右】为-∞，设置【平衡】效果的【平衡】为-100.0，如图5-18所示。

◀ 图5-17

◀ 图5-18

提 示

【左】、【右】属性的-∞需要展开属性左侧的下拉箭头，通过移动滑块产生。

STEP 3 ▶ 将【当前时间指示器】移动到00:00:10:00位置，设置【声道音量】效果的【左】为0.0dB，【右】为0.0dB，如图5-19所示。

STEP 4 ▶ 将【当前时间指示器】移动到00:00:21:08位置，设置【声道音量】效果的【左】为-∞，设置【平衡】效果的【平衡】为100.0，如图5-20所示。

◀ 图5-19

◀ 图5-20

3. 查看最终效果 ✍

在【节目监视器】面板中欣赏最终声音效果。

5.2.3 技术总结

通过本案例的制作，读者应该已经掌握调节左右声道音量的方法了。本案例通过【声道音量】和【平衡】效果先将素材右声道音量降低，然后在素材中间位置将左右声道音量平衡，最后再降低左声道音量。这样就会产生声音由左向右的效果了。

5.3 变调效果

工程文件：工程文件 / 第 5 章 /5.3 变调效果 .prproj
视频教学：视频教学 / 第 5 章 /5.3 变调效果 .mp4
技术要点：掌握将人声变调的方法

5.3.1 案例思路

本案例通过【音高换挡器】效果使素材音质变得粗重低沉，从而模拟将女人声音变成低沉男人的声音，然后对素材进行修整和降噪处理。

5.3.2 制作步骤

1. 创建项目

STEP 1 新建项目和【HDV 720p25】预设序列。

STEP 2 双击【项目】面板的空白处，导入"音频01.mp3"素材文件，如图5-21所示。

2. 制作变调效果

STEP 1 将【项目】面板中的"音频01.mp3"素材文件添加到序列中，如图5-22所示。

◁ 图5-21

◁ 图5-22

STEP 2 添加效果。激活"音频01.mp3"素材的【效果控件】面板，然后双击【效果】面板中的【音频效果】>【音高换挡器】和【音量】效果，如图5-23所示。

STEP 3 单击【音高换挡器】效果中的【编辑】按钮，如图5-24所示。

◁ 图5-23　　　　　　　　　　　　　　　◁ 图5-24

STEP 4 在弹出的【剪辑效果编辑器】对话框中设置【半音阶】为-10，【音分】为-80，【精度】为"高精度"，【拼接频率】为200Hz，【重叠】为35%，如图5-25所示。

STEP 5 设置【音量】的【级别】为4.0dB，如图5-26所示。

◁ 图5-25　　　　　　　　　　　　　　　◁ 图5-26

STEP 6 执行菜单【窗口】>【基本声音】命令，如图5-27所示。打开相应面板。

STEP 7 选择序列中的"音频01.mp3"素材，在【基本声音】面板中选择【对话】类型，如图5-28所示。

◁ 图5-27　　　　　　　　　　　　　　　◁ 图5-28

> STEP 8 ▶ 在【预设】下拉列表中选择"平衡的男声"，如图5-29所示。
>
> STEP 9 ▶ 设置【响度】为"自动匹配"，设置【修复】下的【减少杂色】为10.0，【降低隆隆声】为10.0，【消除齿音】为10.0，如图5-30所示。

图5-29

图5-30

3. 查看最终效果

在【节目监视器】面板中欣赏最终声音效果。

5.3.3　技术总结

通过本案例的制作，读者应该已经掌握变调效果的使用方法了。【音高换挡器】效果的预设中还有许多变调效果，例如"愤怒的沙鼠"和"黑魔王"等。这些效果都可产生独特的音质，以便声音处理上产生独特的效果。

5.4　轨道音量

工程文件：工程文件 / 第 5 章 /5.4 轨道音量 .prproj
视频教学：视频教学 / 第 5 章 /5.4 轨道音量 .mp4
技术要点：掌握使用【音轨混合器】调整音量的使用方法

5.4.1　案例思路

本案例将制作配音朗诵的效果。背景音乐不可以抢夺朗诵的声音，因此根据朗诵的效果，使用【音轨混合器】面板调节背景音乐的音量。

5.4.2　制作步骤

1. 创建项目

STEP 1 新建项目和【HDV 720p25】预设序列。

STEP 2 双击【项目】面板的空白处，导入"音频01.mp3"和"音频02.mp3"素材文件，如图5-31所示。

STEP 3 将"音频01.mp3"素材拖曳至音频轨道A1上的00:00:06:00位置；将"音频02.mp3"素材拖曳至音频轨道A2上的00:00:00:00位置，如图5-32所示。

◁ 图5-31

◁ 图5-32

2. 调整音量

STEP 1 调整音频轨道A2的高度，设置显示【显示关键帧】>【轨道关键帧】>【音量】，如图5-33所示。

STEP 2 执行菜单【窗口】>【音轨混合器】命令，打开【音轨混合器】面板，选择音频轨道为"音频2"，设置模式为"触动"，如图5-34所示。

◁ 图5-33

◁ 图5-34

STEP 3 单击【播放-停止切换(Space)】按钮▶进行录制，使用【音量】按钮调整音频轨道【音频2】的录制音量，如图5-35所示。

STEP 4 录制结束后，查看音频轨道A2上的轨道关键帧，如图5-36所示。

◁ 图5-35

◁ 图5-36

STEP 5 使用【钢笔工具】微调轨道关键帧，如图5-37所示。

STEP 6 设置【显示关键帧】为"剪辑关键帧"，如图5-38所示。

◁ 图5-37

◁ 图5-38

STEP 7 激活【效果】面板，将【音频过渡】>【指数淡化】效果拖曳到"音频02.mp3"素材文件的出点位置，如图5-39所示。

STEP 8 双击素材上的【指数淡化】效果，设置【持续时间】为00:00:02:00，如图5-40所示。

3. 查看最终效果

在【节目监视器】面板中欣赏最终声音效果。

◁ 图5-39

◁ 图5-40

| 5.4.3　技术总结

　　【音轨混合器】面板是模拟真实的调音台面板，所以在许多操作上也与调音台面板相似。这里是通过【音轨混合器】面板的音量按钮调节音轨素材的声音。可以边听朗读音量，边调节背景音乐的声音，这样的音量具有实时性，会更准确。录制完成后使用【钢笔工具】调整关键帧，会使音量过渡得更加自然。关键帧越少，关键帧轨迹越流畅，声音的变化效果也会越好。

5.5　混音效果

　　工程文件：工程文件 / 第 5 章 /5.5 混音效果 .prproj
　　视频教学：视频教学 / 第 5 章 /5.5 混音效果 .mp4
　　技术要点：掌握【混响】音频效果的使用方法

| 5.5.1　案例思路

　　本案例利用【混响】音频效果使音频素材产生混音的效果。

| 5.5.2　制作步骤

1. 创建项目

STEP 1 新建项目和【HDV 720p25】预设序列。

STEP 2 双击【项目】面板的空白处，导入"音频01.mp3"素材文件，如图5-41所示。

2. 设置效果

STEP 1 将【项目】面板中的"音频01.mp3"素材文件添加到序列中，如图5-42所示。

图5-41

图5-42

STEP 2 添加效果。激活"音频01.mp3"素材的【效果控件】面板，然后双击【效果】面板中的【音频效果】>【过时的音频效果】> Reverb(过时)效果，如图5-43所示。

STEP 3 单击Reverb(过时)效果中的【编辑】按钮，如图5-44所示。

STEP 4 在弹出的【剪辑效果编辑器】对话框中设置Reverb的Pre Delay(预延迟)为30.00ms，Size(大小)为100%，Density(密度)为90%，Mix(混合)为100%，如图5-45所示。

◁ 图5-43　　　　　　　　　◁ 图5-44　　　　　　　　◁ 图5-45

3.　查看最终效果

在【节目监视器】面板中欣赏最终声音效果。

5.5.3　技术总结

通过本案例的制作，读者应该已经了解混响效果的制作方法了。除了Reverb(过时)效果，还有【卷积混响】、【室内混响】和【环绕声混响】等音频效果，都可以使音频素材产生混响的效果。有些效果还预设有许多常用的模式，例如舞台模式、演唱会模式和大厅模式等。

5.6　延迟效果

工程文件：工程文件 / 第 5 章 /5.6 延迟效果 .prproj
视频教学：视频教学 / 第 5 章 /5.6 延迟效果 .mp4
技术要点：掌握【延迟】音频效果的使用方法

5.6.1　案例思路

本案例利用【延迟】音频效果模拟在山谷中弹琴产生回音的效果。

5.6.2　制作步骤

1.　创建项目

STEP 1 新建项目和【HDV 720p25】预设序列。

STEP 2 双击【项目】面板的空白处，导入"音频01.mp3"素材文件，如图5-46所示。

2. 设置效果

STEP 1 将【项目】面板中的"音频01.mp3"素材文件添加到序列中，如图5-47所示。

图5-46　　　　　　　　　　　　　　　　　　　　　图5-47

STEP 2 添加效果。激活"音频01.mp3"素材的【效果控件】面板，然后双击【效果】面板中的【音频效果】>【延迟】效果，如图5-48所示。

STEP 3 设置【延迟】效果的【延迟】为0.200秒，【反馈】为50%，【混合】为70.0%，如图5-49所示。

图5-48　　　　　　　　　　　　　　　　　　　　　图5-49

3. 查看最终效果

在【节目监视器】面板中欣赏最终声音效果。

5.6.3 技术总结

通过本案例的制作，读者应该已经了解【延迟】效果的制作方法了。【延迟】效果中的【延迟】属性可以设置回声效果的间隔时间，【反馈】属性设置回声效果的强度，而【混合】属性用于设置混合的程度。

第6章

文本图形

本章主要讲解编辑文本和图形的方法。通过本章的学习，读者可以掌握滚动字幕、路径文字以及其他样式文本和图形的制作方法。通过对 6 个案例的讲解，使读者掌握在【效果控件】面板、【基本图形】面板和旧版的【字幕】面板中编辑文本和图形的操作方法和技巧。

6.1 四季字幕

工程文件：工程文件 / 第 6 章 /6.1 四季字幕 .prproj
视频教学：视频教学 / 第 6 章 /6.1 四季字幕 .mp4
技术要点：掌握添加文字的使用方法

6.1.1 案例思路　　　　　　　　　　　　　　Q

本案例通过给图片素材添加文字的方式，使读者了解多种文字的使用方法。

6.1.2 制作步骤　　　　　　　　　　　　　　Q

1. 创建项目

STEP 1 新建项目和【HDV 720p25】预设序列。

STEP 2 双击【项目】面板的空白处，导入"图片01.jpg"～"图片04.jpg"素材文件，如图6-1所示。

STEP 3 选择"图片01.jpg"～"图片04.jpg"素材文件，执行右键菜单中的【速度/持续时间】命令，在弹出的对话框中设置【持续时间】为00:00:02:00，如图6-2所示。

STEP 4 将"图片01.jpg"～"图片04.jpg"素材文件添加到序列中，如图6-3所示。

◁ 图6-1

图6-2

图6-3

2. 添加文本"春"

STEP 1 激活【时间轴】面板，执行菜单【图形】>【新建图层】>【文本】命令，将"新建文本图层"素材的出点与视频轨道V1中"图片01.jpg"素材的出点对齐，如图6-4所示。

STEP 2 在【节目监视器】面板中输入文本内容为"春"，另起一行输入内容为Spring，如图6-5所示。

图6-4

STEP 3 激活"春Spring"文本素材的【效果控件】面板，设置【字体】为"华文行楷"，2个文本的【字体大小】为150和62，【填充】为(R:0,G:100,B:0)，【位置】为(200.0,220.0)，如图6-6所示。

图6-5

图6-6

3. 添加文本"夏"

STEP 1 选择"春Spring"文本素材，执行菜单【图形】>【升级为主图】命令。此时，【项目】面板中就会生成一个"图形"素材，如图6-7所示。

STEP 2 复制素材。在【项目】面板中复制刚刚生成的"图形"素材，然后对新的"图形"素材执行右键菜单中的【重命名】命令，设置名称为"图形夏"，如图6-8所示。

STEP 3 将"图形夏"素材拖曳到视频轨道V2中的00:00:02:00位置，如图6-9所示。

◁图6-7

◁图6-8

◁图6-9

STEP 4 打开面板。执行菜单【窗口】>【基本图形】命令，如图6-10所示。

STEP 5 激活序列中的"图形夏"素材，在【基本图形】面板中单击【编辑】选项卡下的"春Spring"文本，如图6-11所示。

STEP 6 在【节目监视器】面板中设置文本内容为"夏"和Summer；在【基本图形】面板中设置【填充】为(R:0,G:140,B:140)，【位置】为(200.0,550.0)，如图6-12所示。

◁图6-10

◁图6-11

4. 添加文本"秋"

STEP 1 将【当前时间指示器】移动到00:00:04:00位置，在【基本图形】面板中单击【新建图层】按钮，选择【文本】选项，如图6-13所示。

◁图6-12

◁图6-13

STEP 2 在【节目监视器】面板中设置文本内容为"秋"和Autumn。在【基本图形】面板中设置【位置】为(850.0,520.0)，2个文本的【字体大小】为200和75，【填充】为(R:255,G:220,B:200)，如图6-14所示。

图6-14

5. 添加文本"冬"

STEP 1 将"秋Autumn"素材的出点移动到00:00:06:00位置，然后单击【工具】面板中的【文本工具】，如图6-15所示。

STEP 2 使用【文本工具】在【节目监视器】面板中输入文本"冬"和Winter。在【基本图形】面板中设置【位置】为(850.0,300.0)，2个文本的【字体大小】为200和90，【填充】为(R:75,G:100,B:150)，如图6-16所示。

图6-15

图6-16

6. 调整序列

STEP 1 将"冬Winter"素材的出点移动到00:00:08:00位置，如图6-17所示。
STEP 2 分别在00:00:02:00、00:00:04:00和00:00:06:00的编辑点处，执行右键菜单中的【应用默认过渡】命令，如图6-18所示。

图6-17

图6-18

7. 查看最终效果

在【节目监视器】面板中查看最终画面效果，如图6-19所示。

图6-19

┃ 6.1.3 技术总结

通过本案例的制作，读者应该已经掌握常用的添加和编辑文本字幕的方法了。文本字幕可以在【效果控件】面板中编辑，也可以在专门的【基本图形】面板中编辑。文本素材可以当作素材使用，但不会出现在【项目】面板中，只有升级为主图后才会在【项目】面板中出现。

6.2 图形图像

工程文件：工程文件 / 第 6 章 /6.2 图形图像 .prproj
视频教学：视频教学 / 第 6 章 /6.2 图形图像 .mp4
技术要点：掌握绘制图形的方法

6.2.1　案例思路

　　本案例主要介绍绘制图形的方法，通过矩形和椭圆形绘制出一个动态LOGO，使读者掌握在【基本图形】面板中绘制图形的方法。

6.2.2　制作步骤

1. 创建项目

STEP 1 ▶ 新建项目和【HDV 720p25】预设序列。

STEP 2 ▶ 在【项目】面板的空白处执行右键菜单中的【颜色遮罩】命令，在弹出的对话框中设置颜色为(R:230,G:215,B:180)，如图6-20所示。

STEP 3 ▶ 将"颜色遮罩"素材拖曳到视频轨道V1上，如图6-21所示。

2. 创建素材

STEP 1 ▶ 激活【时间轴】面板，执行菜单【图形】>【新建图层】>【椭圆】命令。此时，【节目监视器】面板中会生成一个椭圆形素材，如图6-22所示。

　◀ 图6-20　　　　　　　　　　◀ 图6-21　　　　　　　　　　◀ 图6-22

STEP 2 ▶ 设置【锚点】为(150.0,100.0)，关闭【设置缩放锁定】功能，再设置【缩放】为(245,165)，【填充】为(R:80,G:40,B:0)，如图6-23所示。

　◀ 图6-23

STEP 3 ▶ 复制素材。按住Alt键的同时拖曳视频轨道V2上的素材到视频轨道V4上。分别执行视频轨道V2和V4上素材右键菜单中的【重命名】命令，并分别设置【剪辑名称】为"底层圆形"和"顶层圆环"，如图6-24所示。

STEP 4 ▶ 在【基本图形】面板中修改"顶层圆环"素材。设置【缩放】为(265,180)，取消勾选【填充】选项，勾选【描边】选项，设置【描边】为(R:80,G:40,B:0)，【描边宽度】为10.0，如图6-25所示。

◁ 图6-24　　　　　　　　　　　　　◁ 图6-25

STEP 5 ▶ 在【基本图形】面板中复制"形状01"图层，将复制出来的图层重新命名为"形状02"，如图6-26所示。

STEP 6 ▶ 修改"形状02"图层。激活"形状02"图层，设置【缩放】为(250,170)，【描边】为(R:230,G:215,B:180)，【描边宽度】为5.0，如图6-27所示。

◁ 图6-26　　　　　　　　　　　　　◁ 图6-27

STEP 7 ▶ 单击【时间轴】面板的空白处，执行菜单【图形】>【新建图层】>【矩形】命令。将"矩形"素材移动到视频轨道V3上，如图6-28所示。

STEP 8 在【基本图形】面板中设置【锚点】为(150.0,100.0)，关闭【设置缩放锁定】功能，并设置【缩放】为(65,170)，【填充】为(R:80,G:40,B:0)，【描边】为(R:230,G:215,B:180)，【描边宽度】为5.0，如图6-29所示。

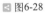 图6-28

图6-29

STEP 9 单击【时间轴】面板的空白处，执行菜单【图形】>【新建图层】>【文本】命令，如图6-30所示。

STEP 10 在【节目监视器】面板中设置文本内容为LOGO，如图6-31所示。

图6-30

图6-31

STEP 11 在【基本图形】面板中设置【位置】为(500.0,400.0)，【字体】为"微软雅黑"，【字体样式】为"粗体"，【填充】为(R:230,G:215,B:180)，如图6-32所示。

3.　调整动态效果

STEP 1 分别将视频轨道V3中素材的入点和视频轨道V5中素材的入点移动到00:00:01:00和00:00:02:00位置，如图6-33所示。

STEP 2 分别将【效果】面板中【视频过渡】下的【划像】>【圆划像】效果、【滑动】>【拆分】效果、【擦除】>【时钟式擦除】效果和【擦除】>【划出】效果拖曳到视频轨道V2～V5素材的入点位置，如图6-34所示。

STEP 3 激活LOGO文本中【划出】效果的【效果控件】面板，设置【边缘选择器】为"自北向南"，【持续时间】为00:00:00:10，【开始】为40.0，【结束】为60.0，如图6-35所示。

图6-32

图6-33

图6-34

图6-35

4. 查看最终效果

在【节目监视器】面板中查看最终画面效果，如图6-36所示。

图6-36

6.2.3　技术总结

通过本案例的制作，读者应该已经掌握绘制图形的方法了。虽然软件自带的图形只有矩形和椭圆形两种，但如果配合【钢笔工具】的使用，还是可以制作出更多种图形效果的。

6.3　滚动字幕

工程文件：工程文件 / 第 6 章 /6.3 滚动字幕 .prproj
视频教学：视频教学 / 第 6 章 /6.3 滚动字幕 .mp4
技术要点：掌握制作滚动字幕的方法

6.3.1　案例思路

本案例介绍使用【基本图层】面板制作滚动字幕的方法。通过模拟播放器播放歌曲时出现滚动歌词的效果，使读者了解滚动字幕的制作方法，并且进一步熟悉文本图形的使用方法。

6.3.2　制作步骤

1. 创建项目

STEP 1 新建项目和【HDV 720p25】预设序列。

STEP 2 双击【项目】面板的空白处，导入"图片01.jpg"和"音频01.mp3"素材文件，如图6-37所示。

2. 设置静态素材

STEP 1 将"图片01.jpg"素材文件拖曳到视频轨道V1上，如图6-38所示。

STEP 2 激活【时间轴】面板，执行菜单【图形】>【新建图层】>【来自文件】命令，在弹出的对话框中选择"图片02.png"素材，如图6-39所示。

◀ 图6-37

STEP 3 在【效果控件】面板中设置【位置】为(70.0,665.0)，【缩放】为13.0，如图6-40所示。

STEP 4 激活【时间轴】面板，执行菜单【图形】>【新建图层】>【文本】命令，输入文本内容为"大海 Tom Chang"，如图6-41所示。

图6-38

图6-39

图6-40

图6-41

STEP 5 在【基本图形】面板中设置【位置】为(130.0,660.0)，【缩放】为100，【字体】为"楷体"，【字体大小】为40，【填充】为(R:0,G:170,B:220)，如图6-42所示。

◀ 图6-42

STEP 6 单击【时间轴】面板的空白处，然后继续执行菜单【图形】>【新建图层】>【矩形】命令。

STEP 7 在【基本图形】面板中设置【位置】为(130.0,680.0)，关闭【设置缩放锁定】功能，并设置【缩放】为(5,160)，【填充】为(R:0,G:170,B:220)，如图6-43所示。

◀ 图6-43

3. 设置滚动字幕

STEP 1 单击【时间轴】面板的空白处，然后使用【文本工具】在【节目监视器】面板中输入"歌词.txt"中的内容，如图6-44所示。

STEP 2 在【基本图形】面板中设置【位置】为(760.0,80.0)，【缩放】为100，【字体】为"楷体"，【字体大小】为60，【行距】为50，【填充】为(R:0,G:170,B:220)，如图6-45所示。

STEP 3 单击文本选择框的空白处，在【基本图形】面板的【编辑】选项卡中勾选【滚动】选项，并勾选

◀ 图6-44

【启动屏幕外】和【结束屏幕外】选项，设置【预卷】为00:00:07:00，如图6-46所示。

◀ 图6-45　　　　　　　　　　　　　　　　◀ 图6-46

提　示

【预卷】可以设置停留多长时间后文本开始运动。

4.　设置播放动画

STEP 1　将【项目】面板中的"音频01.mp3"素材拖曳到音频轨道A1上，并将视频轨道上所有素材的出点与之对齐，如图6-47所示。

STEP 2　激活视频轨道V4中的"图形"素材，在【效果控件】面板中设置动画效果。

STEP 3　将【当前时间指示器】移动到00:00:00:00位置，打开【形状】>【变换】>【水平缩放】的【切换动画】按钮，设置【水平缩放】为0.0，如图6-48所示。

◀ 图6-47

◀ 图6-48

STEP 4 将【当前时间指示器】移动到00:00:30:00位置，设置【水平缩放】为160，如图6-49所示。

◁ 图6-49

5. 查看最终效果

在【节目监视器】面板中查看最终画面效果，如图6-50所示。

◁ 图6-50

6.3.3　技术总结

通过本案例的制作，读者应该已经掌握制作滚动字幕的方法了。通过使用【图形】菜单，可以将外部文件导入图层中，一般会导入一些小图形当作图标使用。可以通过【预卷】、【过卷】、【缓入】和【缓出】等属性控制滚动字幕的速度和时间。

6.4 怀旧标题

工程文件：工程文件/第6章/6.4 怀旧标题.prproj
视频教学：视频教学/第6章/6.4 怀旧标题.mp4
技术要点：掌握使用【旧版标题】创建文本的方法

6.4.1 案例思路

本案例通过使用旧版的【字幕】面板创建文本，使读者了解旧版【字幕】面板的使用方法。

6.4.2 制作步骤

1. 创建项目

STEP 1 新建项目和【HDV 720p25】预设序列。

STEP 2 双击【项目】面板的空白处，导入"图片01.jpg"和"图片02.jpg"素材文件，如图6-51所示。

STEP 3 选择【项目】面板中的素材，执行右键菜单中的【速度/持续时间】命令，在弹出的对话框中设置【持续时间】为00:00:02:00，如图6-52所示。

图6-51

图6-52

STEP 4 将"图片01.jpg"和"图片02.jpg"素材添加到序列中，如图6-53所示。

2. 使用【字幕】面板

STEP 1 执行菜单【文件】>【新建】>【旧版标题】命令，在弹出的【新建字幕】对话框中设置【名称】为"字幕01"，如图6-54所示。

图6-53

图6-54

STEP 2 此时弹出【字幕】面板，同时【项目】面板中也添加了"字幕01"素材文件，如图6-55所示。

图6-55

STEP 3 使用【文本工具】在【字幕】面板中添加文本，文本内容为"此情可待成追忆"，如图6-56所示。

图6-56

STEP 4 在【旧版标题属性】面板中设置【X位置】为420.0，【Y位置】为120.0，【字体系列】

为"华文行楷",【字体大小】为65.0,【填充】>【颜色】为(R:100,G:130,B:150),如图6-57
所示。

▣ 图6-57

STEP 5 将【背景视频时间码】设置为00:00:02:00,然后单击【基于当前字幕新建字幕】按钮,
如图6-58所示。

STEP 6 在弹出的【新建字幕】对话框中设置【名称】为"字幕02"。此时,【项目】面板中又
添加了"字幕02"素材文件,如图6-59所示。

▣ 图6-58

▣ 图6-59

STEP 7 使用【文本工具】在【字幕】面板中添加文本,文本内容为"只是当时已惘然"。

STEP 8 在【旧版标题属性】面板中设置【X位置】为585.0,【Y位置】为215.0,如图6-60
所示。

STEP 9 删除"此情可待成追忆"的文本内容,然后关闭面板,如图6-61所示。

3. 设置序列

将"字幕01"和"字幕02"素材文件拖曳到视频轨道V2上,并将出入点与视频轨道V1中的
"图片01.jpg"和"图片02.jpg"素材对齐,如图6-62所示。

图6-60

图6-61

图6-62

4.　查看最终效果

在【节目监视器】面板中查看最终画面效果，如图6-63所示。

图6-63

6.4.3　技术总结

通过本案例的制作，读者应该已经掌握使用【字幕】面板添加文本的方法了。【字幕】面板是非常强大的字幕编辑面板，是早期Premiere软件主要编辑文本的地方，在新版中已将编辑文本的地方转移到【基本图形】面板中。有些老用户还习惯在旧版的【字幕】面板中操作。

在【字幕】面板中创建的文本会在【项目】面板中显示，成为独立的素材文件。【基于当前字幕新建字幕】功能可以在当前字幕的基础上创建新的字幕。

6.5 多样文字

工程文件：工程文件 / 第 6 章 /6.5 多样文字 .prproj
视频教学：视频教学 / 第 6 章 /6.5 多样文字 .mp4
技术要点：掌握创建各种样式文本的方法

6.5.1 案例思路

本案例通过将多种样式的文字拼贴在一张图片中，使读者掌握多种样式文字的制作方法。案例中共制作10个样式效果，在【基本图形】面板中制作4个，在旧版【字幕】面板中制作6个。

6.5.2 制作步骤

1. 创建项目

STEP 1 新建项目和【HDV 720p25】预设序列。

STEP 2 双击【项目】面板的空白处，导入"图片01.jpg"素材文件，如图6-64所示。

STEP 3 将"图片01.jpg"素材文件添加到序列中，如图6-65所示。

◀ 图6-64

◀ 图6-65

2. 在【基本图形】面板中设置

STEP 1 激活【时间轴】面板，执行菜单【图形】>【新建图层】>【文本】命令。

STEP 2 在【节目监视器】面板中设置文本内容为"实色文字"，如图6-66所示。

STEP 3 在【基本图形】面板中设置【位置】为(85.0,185.0)，【字体】为"微软雅黑"，【字体样式】为"粗体"，【字体大小】为60，【填充】为(R:0,G:200,B:255)，如图6-67所示。

图6-66

图6-67

STEP 4 在【基本图形】面板中单击【新建图层】按钮，选择【文本】选项，如图6-68所示。

STEP 5 在【节目监视器】面板中设置文本内容为"描边文字"。

STEP 6 在【基本图形】面板中设置【位置】为(435.0,185.0)，勾选【描边】选项，设置【描边】为(R:255,G:255,B:0)，【描边宽度】为8.0，如图6-69所示。

图6-68

图6-69

STEP 7 继续在【基本图形】面板中单击【新建图层】按钮，选择【文本】选项。

STEP 8 在【节目监视器】面板中设置文本内容为"镂空文字"。

STEP 9 在【基本图形】面板中设置【位置】为(85.0,280.0)，取消勾选【填充】选项，设置【描边宽度】为3.0，如图6-70所示。

STEP 10 继续在【基本图形】面板中单击【新建图层】按钮，选择【文本】选项。

STEP 11 在【节目监视器】面板中设置文本内容为"阴影文字"。

▣ 图6-70

STEP 12 在【基本图形】面板中设置【位置】为(435.0,280.0)，勾选【填充】选项，取消勾选【描边】选项，勾选【阴影】选项，如图6-71所示。

▣ 图6-71

3. 在旧版【字幕】面板中设置

STEP 1 执行菜单【文件】>【新建】>【旧版标题】命令，在弹出的【新建字幕】对话框中设置【名称】为"字幕01"。

STEP 2 使用【文本工具】在【字幕】面板中添加文本，文本内容为"渐变文字"，如图6-72所示。

STEP 3 在【旧版标题属性】面板中设置【变换】属性的【X位置】为200.0，【Y位置】为360.0；【属性】属性的【字体系列】为

▣ 图6-72

"微软雅黑"，【字体样式】为"粗体"，【字体大小】为60.0；【填充】属性的【填充类型】为"线性渐变"，【颜色】为(R:255,G:255,B:0)和(R:0,G:200,B:255)，【角度】为315.0°，如图6-73所示。

◀图6-73

STEP 4　继续使用【文本工具】在【字幕】面板中添加文本，文本内容为"圆点文字"。

STEP 5　在【旧版标题属性】面板中设置【变换】属性的【X位置】为550.0，【Y位置】为360.0；【填充】属性的【填充类型】为"径向渐变"，将【颜色】属性的【颜色滑块】向左偏移到大约20%的位置，并且滑块之间没有过渡，如图6-74所示。

◀图6-74

STEP 6　继续使用【文本工具】在【字幕】面板中添加文本，文本内容为"四色文字"。

STEP 7　在【旧版标题属性】面板中设置【变换】属性的【X位置】为200.0，【Y位置】为460.0；【填充】属性的【填充类型】为"四色渐变"，【颜色】为(R:0,G:200,B:255)、(R:255,G:255,B:0)、(R:0,G:255,B:0)和(R:255,G:0,B:255)，如图6-75所示。

STEP 8　继续使用【文本工具】在【字幕】面板中添加文本，文本内容为"光泽文字"。

图6-75

STEP 9 在【旧版标题属性】面板中设置【变换】属性的【X位置】为550.0，【Y位置】为460.0；【填充】属性的【填充类型】为"实底"，【颜色】为(R:0,G:200,B:255)，勾选【光泽】选项，设置【光泽】属性的【颜色】为(R:255,G:255,B:0)，【大小】为80.0，【角度】为315.0°，【偏移】为50.0，如图6-76所示。

图6-76

STEP 10 继续使用【文本工具】在【字幕】面板中添加文本，文本内容为"纹理文字"。

STEP 11 在【旧版标题属性】面板中取消勾选【光泽】选项，勾选【纹理】选项，设置【纹理】属性的【纹理】，在弹出的对话框中选择"图片02.jpg"素材，如图6-77所示。

STEP 12 继续在【旧版标题属性】面板中设置【变换】属性的【X位置】为200.0，【Y位置】为560.0，如图6-78所示。

STEP 13 继续使用【文本工具】在【字幕】面板中添加文本，文本内容为"立体文字"。

STEP 14 在【旧版标题属性】面板中取消勾选【纹理】选项，单击【外描边】属性中的【添加】命令，添加一个外描边效果，如图6-79所示。

图6-77

◁ 图6-78　　　　　　　　　　　　　　　　◁ 图6-79

STEP 15 ▶ 在【旧版标题属性】面板中设置【变换】属性的【X位置】为550.0，【Y位置】为560.0；【外描边】属性的【类型】为"深度"，【大小】为70.0，【角度】为45.0°，【颜色】为(R:0,G:80,B:100)，如图6-80所示。

◁ 图6-80

4. 设置序列

关闭【字幕】面板，将【项目】面板中的"字幕 01"素材拖曳到视频轨道V3中，如图6-81所示。

5. 查看最终效果

在【节目监视器】面板中查看最终画面效果，如图6-82所示。

◁ 图6-81　　　　　　　　　　　　　　　　◁ 图6-82

通过本案例的制作，读者应该已经掌握制作多种样式文字的方法了。这些样式都是通过修改文字的基本属性而变化出来的。需注意的是，纹理文字的纹理贴图是针对每个字符，而不是一组文字，也就是说，它是给每个汉字贴上了相同的纹理贴图。

6.6　路径文字

工程文件：工程文件 / 第 6 章 /6.6 路径文字 .prproj
视频教学：视频教学 / 第 6 章 /6.6 路径文字 .mp4
技术要点：掌握路径文字的制作方法

本案例通过使用【路径文字工具】绘制形状路径，然后依照路径输入文字。在绘制路径时，要依据图像的轮廓形状进行。

1.　创建项目 📝

STEP 1 新建项目和【HDV 720p25】预设序列。

STEP 2 双击【项目】面板的空白处，导入"图片01.jpg"素材文件，如图6-83所示。

STEP 3 将"图片01.jpg"素材文件添加到序列中，如图6-84所示。

◀ 图6-83

◀ 图6-84

2.　绘制路径文字 📝

STEP 1 执行菜单【文件】>【新建】>【旧版标题】命令，在弹出的【新建字幕】对话框中设置【名称】为"字幕01"。

STEP 2 在【字幕】面板中使用【路径文字工具】创建文本路径，并输入文本内容为"当速度来临的时候，时间会变得很慢。"，如图6-85所示。

◁ 图6-85

STEP 3 使用【钢笔工具】配合Alt键调整路径，使路径更加顺滑，符合图形结构，如图6-86所示。

◁ 图6-86

提 示

使用Alt键，再单击锚点，可以显示锚点的曲柄。

STEP 4 设置【属性】的【字体系列】为"微软雅黑"，【字体大小】为30.0，【字偶间距】为26.0；设置【填充】的【填充类型】为"实底"，【颜色】为(R:60,G:15,B:0)，如图6-87所示。

3. 输入文本

STEP 1 在【字幕】面板中单击【基于当前字幕新建字幕】按钮，如图6-88所示。

◀ 图6-87

◀ 图6-88

STEP 2 在弹出的【新建字幕】对话框中设置【名称】为"字幕02"。

STEP 3 使用【文本工具】在【字幕】面板中添加文本,文本内容为"我迷恋这种感觉,所以,我追求速度。"。

STEP 4 在【旧版标题属性】面板中设置【X位置】为1050.0,【Y位置】为120.0,【字体样式】为"粗体",【行距】为10.0,如图6-89所示。

◀ 图6-89

STEP 5 删除"当速度来临的时候,时间会变得很慢。"的文本内容,然后关闭面板,如图6-90所示。

4. 设置效果

STEP 1 分别将"字幕 01"和"字幕02"素材拖曳到视频轨道V2、V3的00:00:00:00、00:00:02:00位置,并将所有素材的出点移动到00:00:06:00位置,如图6-91所示。

◀ 图6-90

STEP 2 分别将【效果】面板中【视频过渡】下的【擦除】>【划出】效果和【溶解】>【交叉溶解】效果拖曳到视频轨道V2和V3素材的入点位置，如图6-92所示。

◀ 图6-91　　　　　　　　　　　　　　　　◀ 图6-92

STEP 3 双击"字幕 01"素材的【划出】效果，在弹出的对话框中设置【持续时间】为00:00:02:00，如图6-93所示。

5.　查看最终效果

在【节目监视器】面板中查看最终画面效果，如图6-94所示。

◀ 图6-93

◀ 图6-94

6.6.3　技术总结

通过本案例的制作，读者应该已经掌握制作路径文字的方法了。本案例的技术要点就是调整路径，需要使用【钢笔工具】认真地调整路径的形状，细心地调整锚点位置和锚点曲柄方向。只有这样才能绘制出弧度流畅的路径，这样文字也会均匀分布。

第7章

综合案例

本章主要讲解在实际案例中各种编辑方法和技巧的综合应用。通过本章的学习，读者可以将前6章所讲解的内容融会贯通，掌握专业视频制作的方法和技巧。通过对3种类型案例的综合讲解，使读者了解不同商业类型视频的制作方法和要领，以便在今后的创作中制作出更加专业化的视频短片。

7.1 电子相册

工程文件：工程文件 / 第7章 /7.1 电子相册 .prproj
视频教学：视频教学 / 第7章 /7.1 电子相册 .mp4
技术要点：掌握制作电子相册的方法

7.1.1 案例思路

电子相册是优美的照片和摄影摄像片段的合集，多用于表现婚礼庆典或儿童成长等内容。本案例是为家中宠物制作的相册专辑，将精彩的相片与音乐进行巧妙组接。

7.1.2 制作步骤

1. 创建项目

STEP 1 新建项目，设置项目名称为"电子相册"。

STEP 2 创建序列。在【新建序列】对话框中设置序列格式为【HDV】>【HDV 720p25】，【序列名称】名称为"电子相册"。

STEP 3 导入素材。将"图片01.jpg"～"图片06.jpg"和"背景音乐.mp3"素材导入项目中，如图7-1所示。

图7-1

2. 制作片头

STEP 1 将【项目】面板中的"图片01.jpg"素材拖曳到视频轨道V1上，如图7-2所示。

STEP 2 单击【时间轴】面板的空白处，执行菜单【图形】>【新建图层】>【矩形】命令。

◀ 图7-2

STEP 3 在【基本图形】面板中，设置【锚点】为(150.0,100.0)，【缩放】为150，【透明度】为50%，取消勾选【填充】选项，勾选【描边】选项，设置【描边】为(R:255,G:255,B:255)，【描边宽度】为5.0，如图7-3所示。

STEP 4 单击【时间轴】面板的空白处，执行菜单【图形】>【新建图层】>【文本】命令。

STEP 5 在【节目监视器】面板中设置文本内容为"萌宠专辑"，另起一行输入内容为Cute Pets Album，如图7-4所示。

◀ 图7-3

◀ 图7-4

STEP 6 激活"萌宠专辑 Cute Pets Album"文本素材的【基本图形】面板，设置【字体】为"微软雅黑"，【字体样式】为"粗体"，两个文本的【字体大小】分别为90和42，选择【居中对齐文本】，【行距】为25，如图7-5所示。

◀ 图7-5

STEP 7 激活视频轨道V2中"图形"素材的【效果控件】面板。将【当前时间指示器】移动到00:00:00:00位置，打开【缩放】和【旋转】的【切换动画】按钮，设置【缩放】为0.0，【旋转】为0.0°，如图7-6所示。

STEP 8 将【当前时间指示器】移动到00:00:00:10位置，设置【缩放】为100.0，【旋转】为180.0°，如图7-7所示。

STEP 9 激活【效果】面板，将【视频过渡】>【页面剥落】>【翻页】过渡效果添加到视频轨道V3素材入点位置，如图7-8所示。

◄ 图7-6

◄ 图7-7

◄ 图7-8

STEP 10 将【当前时间指示器】移动到00:00:03:00位置，选择序列中所有素材的出点，执行菜单【序列】>【将所选编辑点扩展到播放指示器】命令，如图7-9所示。

3. 制作场景一

STEP 1 将【项目】面板中的"图片02.jpg"素材拖曳到视频轨道V4的00:00:02:00位置，并执行右键菜单中的【速度/持续时间】命令，在弹出的对话框中设置【持续时间】为00:00:02:00，如图7-10所示。

◄ 图7-9

STEP 2 激活【效果】面板，将【视频过渡】>【划像】>【盒形划像】和【菱形划像】过渡效果添加到"图片02.jpg"素材入点和出点位置，如图7-11所示。

◄ 图7-10

◄ 图7-11

STEP 3 双击素材上的过渡效果，设置【盒形划像】和【菱形划像】过渡效果的【持续时间】为00:00:00:10，如图7-12所示。

STEP 4 选择【项目】面板中的"图片03.jpg"～"图片05.jpg"素材，并执行右键菜单中的【速度/持续时间】命令，在弹出的对话框中设置【持续时间】为00:00:03:00，如图7-13所示。

STEP 5 将【项目】面板中的"图片03.jpg"素材拖曳到视频轨道V1的00:00:03:00位置;将"图片04.jpg"素材拖曳到视频轨道V2的00:00:05:00位置,如图7-14所示。

图7-12

图7-13

图7-14

4. 制作场景二

STEP 1 激活"图片04.jpg"素材的【效果控件】面板。将【当前时间指示器】移动到00:00:05:00位置,打开【位置】的【切换动画】按钮,设置【位置】为(-640.0,360.0),如图7-15所示。

STEP 2 将【当前时间指示器】移动到00:00:06:00位置,设置【位置】为(640.0,360.0),并在关键帧上执行右键菜单中的【临时插值】>【缓出】命令,如图7-16所示。

图7-15

图7-16

提 示

【缓出】命令可以使关键帧之间的动作变化为缓慢渐出的过渡效果。

STEP 3 将【当前时间指示器】移动到00:00:05:00位置,激活【时间轴】面板的空白处,执行菜单【图形】>【新建图层】>【直排文本】命令,在【节目监视器】中输入文本内容为"我是小灰",如图7-17所示。

STEP 4 在文本的【效果控件】面板中设置【字体】为"微软雅黑"，【字体样式】为"粗体"，【字体大小】为70，【填充】为(R:220,G:220,B:220)，【位置】为(1120.0,200.0)，如图7-18所示。

图7-17 图7-18

STEP 5 将"我是小灰"文本素材的出入点位置与视频轨道V2中素材的出入点位置对齐。

STEP 6 激活【效果】面板，将【视频过渡】>【溶解】>【叠加溶解】过渡效果添加到"我是小灰"文本素材的入点位置，如图7-19所示。

STEP 7 将【项目】面板中的"图片05.jpg"素材拖曳到视频轨道V4的00:00:07:00位置。

STEP 8 激活【效果】面板，将【视频过渡】>【缩放】>【交叉缩放】过渡效果添加到"图片05.jpg"素材的入点位置，如图7-20所示。

图7-19 图7-20

STEP 9 将【项目】面板中的"背景音乐.mp3"素材拖曳到音频轨道A1上，如图7-21所示。

5. 制作相框效果

STEP 1 选择序列中的所有素材，执行右键菜单中的【嵌套】命令，并使用默认名称"嵌套序列01"，如图7-22所示。

图7-21

STEP 2 将视频轨道V1中的素材移动到视频轨道V2上。将"图片06.jpg"素材拖曳到视频轨道V1上，并将出点位置与视频轨道V2中的素材对齐，如图7-23所示。

图7-22

图7-23

STEP 3 激活视频轨道V2中素材的【效果控件】面板，设置【位置】为(540.0,320.0)，【缩放】为70.0，如图7-24所示。

STEP 4 单击【时间轴】面板的空白处，执行菜单【图形】>【新建图层】>【矩形】命令。

STEP 5 在【效果控件】面板中取消勾选【填充】选项，勾选【描边】选项，设置【描边】为(R:120,G:115,B:65)，【描边宽度】为5.0；设置【位置】为(70.0,40.0)，取消勾选【等比缩放】选项，设置【垂直缩放】为280，【水平缩放】为315，如图7-25所示。

STEP 6 激活"图形"素材的【效果控件】面板，将【效果】面板中的【视频效果】>【过渡】>【百叶窗】效果拖曳到【效果控件】面板中，如图7-26所示。

STEP 7 设置【过渡完成】为50%，【方向】为45.0°，【宽度】为15，如图7-27所示。

图7-24

图7-25

图7-26

图7-27

STEP 8 将"图形"素材的出点位置与视频轨道V2上的素材对齐，如图7-28所示。

STEP 9 选择序列中的所有素材，执行右键菜单中的【嵌套】命令，并使用默认名称"嵌套序列02"，如图7-29所示。

STEP 10 在序列的音视频出点位置执行右键菜单中的【应用默认过渡】命令，如图7-30所示。

◀ 图7-28

◀ 图7-29

◀ 图7-30

6. 查看最终效果

在【节目监视器】面板中查看最终画面效果，如图7-31所示。

◀ 图7-31

7.1.3 技术总结

通过本案例的制作，读者应该已经掌握制作电子相册的方法了。电子相册可以带相框或模板，也有许多没有相框的，只是素材之间的转换。在本案例中先制作素材封面和素材转换，最后依靠嵌套的方式将序列放置到相框中，这也是制作电子相册的一般流程。

7.2　栏目包装

工程文件：工程文件 / 第 7 章 /7.2 栏目包装 .prproj
视频教学：视频教学 / 第 7 章 /7.2 栏目包装 .mp4
技术要点：掌握制作栏目包装的方法

7.2.1　案例思路

　　栏目包装是对电视节目、栏目、频道甚至是电视台的整体形象进行一种外在形式要素的规范和强化。本案例是为旅游频道制作的栏目包装，突出栏目的标志性颜色，配合精美图片使栏目形成统一的整体。

7.2.2　制作步骤

1. 创建项目

STEP 1 新建项目，设置项目名称为"栏目包装"。

STEP 2 创建序列。在【新建序列】对话框中设置序列格式为【HDV】>【HDV 720p25】，【序列名称】名称为"栏目包装"。

STEP 3 导入素材。将"图片01.jpg"～"图片03.jpg"和"背景音乐.mp3"素材导入项目中，如图7-32所示。

STEP 4 在【项目】面板的空白处执行右键菜单中的【新建项目】>【颜色遮罩】命令，设置颜色为(R:185,G:0,B:165)。

STEP 5 在【选择名称】对话框中设置【选择新遮罩的名称】为"紫色遮罩"。

STEP 6 继续创建遮罩。在【新建颜色遮罩】对话框中设置【宽度】为200，【高度】为200，如图7-33所示。

图7-32

STEP 7 在【拾色器】对话框中，设置颜色为(R:185,G:0,B:165)。

STEP 8 在【选择名称】对话框中，设置【选择新遮罩的名称】为"紫色方形遮罩"。

2. 制作片头

STEP 1 分别将【项目】面板中的"图片01.jpg"素材和"紫色遮罩"素材拖曳到视频轨道V1和V2上，如图7-34所示。

图7-33

图7-34

STEP 2 ▶ 单击【时间轴】面板的空白处，执行菜单【图形】>【新建图层】>【文本】命令。

STEP 3 ▶ 在【节目监视器】面板中，设置文本内容为"旅游频道"，如图7-35所示。

STEP 4 ▶ 激活"旅游频道"文本素材的【基本图形】面板，设置【位置】为(640.0,330.0)，【字体】为"微软雅黑"，【字体样式】为"粗体"，【字体大小】为80，选择【居中对齐文本】，【字距调整】为200，【填充】为(R:255,G:255,B:255)，如图7-36所示。

◀ 图7-35   ◀ 图7-36

STEP 5 ▶ 在【基本图形】面板中单击【新建图层】按钮，选择【文本】选项。

STEP 6 ▶ 在【节目监视器】面板中设置文本内容为Travel Channel。

STEP 7 ▶ 激活Travel Channel文本素材的【基本图形】面板，设置【位置】为(640.0,400.0)，【字体】为"微软雅黑"，【字体样式】为"粗体"，【字体大小】为50，选择【居中对齐文本】，【字距调整】为0，【填充】为(R:255,G:220,B:0)，如图7-37所示。

STEP 8 ▶ 激活【效果】面板，将【视频过渡】>【滑动】>【带状滑动】过渡效果添加到视频轨道V3素材的入点位置，如图7-38所示。

◀ 图7-37   ◀ 图7-38

STEP 9 单击素材上的【带状滑动】过渡效果，在【效果控件】面板中设置【边缘选择器】为"自西向东"，【持续时间】为00:00:00:10，【自定义】>【带数量】为6，如图7-39所示。

STEP 10 选择视频轨道V2和V3上的素材，执行右键菜单中的【嵌套】命令，并设置名称为默认的"嵌套序列 01"。

STEP 11 将"嵌套序列 01"素材的出点移动到00:00:02:00位置，如图7-40所示。

STEP 12 激活【效果】面板，将【视频过渡】>【滑动】>【拆分】过渡效果添加到视频轨道V2中"嵌套序列 01"素材的出点位置。

STEP 13 单击过渡效果，在【效果控件】面板中设置【边缘选择器】为"自北向南"，【持续时间】为00:00:00:10，如图7-41所示。

◁ 图7-39

◁ 图7-40

◁ 图7-41

3. 制作片段一

STEP 1 将【项目】面板中的"紫色方形遮罩"素材拖曳到视频轨道V2的00:00:02:10位置，并将出点位置调整到00:00:05:00位置。

STEP 2 将【项目】面板中的"图片02.jpg"素材拖曳到视频轨道V1的00:00:05:00位置，并将出点位置调整到00:00:08:00位置，如图7-42所示。

STEP 3 激活"紫色方形遮罩"素材的【效果控件】面板，设置【位置】为(0.0,360.0)，【缩放】为255.0，【旋转】为45.0°，如图7-43所示。

◁ 图7-42

◁ 图7-43

STEP 4 将【当前时间指示器】移动到00:00:02:20位置，单击【时间轴】面板的空白处，执行菜单【图形】>【新建图层】>【文本】命令，在【节目监视器】面板中输入文本内容为"船行天下 1:00pm"。

STEP 5 激活"船行天下 1:00pm"文本素材的【基本图形】面板，设置【位置】为(60.0,360.0)，【字体】为"微软雅黑"，【字体样式】为"粗体"，【字体大小】为40，【字距调整】为0，【填充】为(R:255,G:220,B:0)，如图7-44所示。

STEP 6 选择"船行天下 1:00pm"文本素材，执行右键菜单中的【速度/持续时间】命令，设置【持续时间】为00:00:01:15，如图7-45所示。

◀ 图7-44

◀ 图7-45

STEP 7 在"船行天下 1:00pm"文本素材的出入点执行右键菜单中的【应用默认过渡】命令，设置效果的【持续时间】为00:00:00:10。

STEP 8 激活【效果】面板，将【视频过渡】>【滑动】>【推】过渡效果，分别添加到"紫色方形遮罩"素材的入点位置和出点位置，以及"图片01.jpg"素材的出点位置。

STEP 9 分别激活3个【推】过渡效果，在【效果控件】面板中设置【边缘选择器】为"自西向东"，【持续时间】为00:00:00:10，【对齐】为"终点切入"，如图7-46所示。

STEP 10 激活"紫色方形遮罩"素材入点的【推】过渡效果的【效果控件】面板，设置【开始】为70.0，如图7-47所示。

◀ 图7-46

◀ 图7-47

4. 制作片段二

STEP 1 将【项目】面板中的"紫色遮罩"素材拖曳到视频轨道V2的00:00:05:10位置，并将出点位置调整到00:00:08:00位置。

STEP 2 激活"紫色遮罩"素材的【效果控件】面板，将【效果】面板中的【视频效果】>【过渡】>【径向擦除】效果拖曳到【效果控件】面板中，如图7-48所示。

STEP 3 将【当前时间指示器】移动到00:00:05:10位置，打开【过渡完成】的【切换动画】按钮，设置【过渡完成】为50%，【起始角度】为0.0，【擦除中心】为(1280.0,0.0)，【擦除】为

"逆时针"；将【当前时间指示器】移动到00:00:05:20位置，设置【过渡完成】为40%；将【当前时间指示器】移动到00:00:07:15位置，设置【过渡完成】为40%；将【当前时间指示器】移动到00:00:08:00位置，设置【过渡完成】为50%，如图7-49所示。

▣ 图7-48

▣ 图7-49

STEP 4 复制素材。按住Alt键的同时拖曳视频轨道V3上的"船行天下 1:00pm"文本素材到视频轨道V3的00:00:05:20位置，如图7-50所示。

STEP 5 修改文本。在【节目监视器】面板中将文本修改为"畅享美食 2:30pm"。

STEP 6 激活"畅享美食 2:30pm"文本素材的【效果控件】面板，设置"畅享美食 2:30pm"的【变换】>【位置】为(1000.0,550.0)。

▣ 图7-50

5. 制作片段三 ✋

STEP 1 将【项目】面板中的"紫色方形遮罩"素材分别拖曳到视频轨道V2的00:00:08:20位置和视频轨道V3的00:00:08:10位置，并分别将出点位置调整到00:00:11:15和00:00:12:00位置。

STEP 2 将【项目】面板中的"图片03.jpg"素材拖曳到视频轨道V1的00:00:08:00位置，如图7-51所示。

STEP 3 激活【效果】面板，将【视频过渡】>【擦除】>【径向擦除】过渡效果添加到视频轨道V1的00:00:08:00位置。

STEP 4 单击素材上的【径向擦除】过渡效果，在【效果控件】面板中设置【边缘选择器】为"自西北向东南"，【对齐】为"中心切入"。

STEP 5 激活视频轨道V3上"紫色方形遮罩"素材的【效果控件】面板，将【效果】面板中的【视频效果】>【透视】>【投影】效果拖曳到【效果控件】面板中。

STEP 6 在【效果控件】面板中设置【方向】为45.0°，【柔和度】为20.0。

STEP 7 继续激活视频轨道V3上"紫色方形遮罩"素材的【效果控件】面板，将【当前时间指示器】移动到00:00:08:10位置，打开【缩放】和【旋转】的【切换动画】按钮，设置【位置】为(300.0,600.0)，【缩放】为0.0，【旋转】为-90.0°；将【当前时间指示器】移动到00:00:08:20位置，设置【缩放】为50.0，【旋转】为45.0°；将【当前时间指示器】移动到00:00:11:15位置，设置【缩放】为50.0，【旋转】为45.0°；将【当前时间指示器】移动到00:00:12:00位置，设置【缩放】为0.0，【旋转】为-90.0°，如图7-52所示。

STEP 8 激活视频轨道V2上"紫色方形遮罩"素材的【效果控件】面板，设置【位置】为(450.0,600.0)，取消勾选【等比缩放】选项，【缩放高度】为50.0，【缩放宽度】为150.0，如图7-53所示。

 图7-52　　　　　　　　　　　　　　　　　　　◀ 图7-53

STEP 9 激活【效果】面板，将【视频过渡】>【擦除】>【划出】过渡效果，分别添加到视频轨道V2"紫色方形遮罩"素材的入点位置和出点位置。

STEP 10 分别激活2个【划出】过渡效果，在【效果控件】面板中设置【边缘选择器】为"自西向东"和"自东向西"，【持续时间】为00:00:00:20和00:00:00:10。

STEP 11 复制素材。按住Alt键的同时，拖曳视频轨道V3上的"畅享美食 2:30pm"文本素材到视频轨道V4的00:00:09:15位置。

STEP 12 修改文本。在【节目监视器】面板中将文本修改为"海洋气象 4:00pm"。

STEP 13 激活"海洋气象 4:00pm"文本素材的【效果控件】面板，设置"海洋气象 4:00pm"文本的【字体大小】为30，【变换】下的【位置】为(400.0,590.0)，如图7-54所示。

◀ 图7-54

6. 制作片尾

STEP 1 将【项目】面板中的"紫色遮罩"素材拖曳到视频轨道V2的00:00:12:05位置，将出点调整到00:00:15:00位置，如图7-55所示。

图7-55

STEP 2 将【当前时间指示器】移动到00:00:13:00位置，单击【时间轴】面板的空白处，执行菜单【图形】>【新建图层】>【文本】命令，在【节目监视器】面板中输入文本内容为"旅游频道"。

STEP 3 激活"旅游频道"文本素材的【基本图形】面板，设置【字体】为"微软雅黑"，【字体样式】为"粗体"，【字体大小】为100，【对齐方式】为"右对齐文本"，【填充】为(R:255,G:220,B:0)。

STEP 4 在【基本图形】面板中单击【新建图层】按钮，选择【文本】选项。

STEP 5 在【节目监视器】面板中输入文本内容为"伴你同行"。

STEP 6 激活"伴你同行"文本素材的【基本图形】面板，设置【填充】为(R:255,G:255,B:255)，如图7-56所示。

STEP 7 选择00:00:13:00右侧视频轨道V3素材的入点，执行右键菜单中的【应用默认过渡】命令，设置效果的【持续时间】为00:00:00:10。

STEP 8 激活【效果】面板，将【视频过渡】>【擦除】>【百叶窗】过渡效果添加到视频轨道V2"紫色遮罩"素材的入点位置。

STEP 9 将【项目】面板中的"背景音乐.mp3"素材拖曳到音频轨道A1上，并将视频轨道V3的出点与之对齐，如图7-57所示。

图7-56

图7-57

7.　查看最终效果

在【节目监视器】面板中查看最终画面效果，如图7-58所示。

▣ 图7-58

7.2.3 技术总结

 通过本案例的制作，读者应该已经掌握栏目包装的制作方法了。本案例中包括栏目标识、栏目口号和三个栏目标题的显示方式，这些都是栏目包装所必要的组成部分。需要注意的是，一般栏目包装的颜色和字体不宜过多，应该统一并突出企业色，即栏目所特有的标志性颜色。

7.3 购物广告

工程文件：工程文件 / 第 7 章 /7.3 购物广告 .prproj
视频教学：视频教学 / 第 7 章 /7.3 购物广告 .mp4
技术要点：掌握制作广告片的方法

7.3.1 案例思路

 购物广告属于视频广告，是一个简单的MG动画视频，是对网络购物的宣传介绍。一般视频广告需要在较短的时间内吸引顾客的注意力，广告内容简单明了。本案例是一个介绍网络购物的广告，主要表现通过精炼的文字和简单的图像告诉观众网络购物的方法。

7.3.2　制作步骤

1. 创建项目

STEP 1 新建项目，设置项目名称为"购物广告"。

STEP 2 创建序列。在【新建序列】对话框中设置序列格式为【HDV】>【HDV 720p25】，【序列名称】名称为"购物广告"。

STEP 3 导入素材。将"图片01.jpg""图片02.png""图片03.png"和"背景音乐.mp3"素材导入项目中，如图7-59所示。

STEP 4 在【项目】面板的空白处执行右键菜单中的【新建项目】>【颜色遮罩】命令，设置颜色为(R:0,G:150,B:255)，名称为默认的"颜色遮罩"，如图7-60所示。

图7-59

图7-60

2. 制作片头

STEP 1 将【项目】面板中的"颜色遮罩"素材分别拖曳到视频轨道V1和V2上，如图7-61所示。

STEP 2 激活视频轨道V2中的"颜色遮罩"的【效果控件】面板，将【效果】面板中的【视频效果】>【颜色校正】>【颜色平衡(HLS)】效果拖曳到【效果控件】面板中，如图7-62所示。

图7-61

图7-62

STEP 3 在【效果控件】面板中取消勾选【等比缩放】选项，将【当前时间指示器】移动到00:00:00:00位置，打开【缩放宽度】的【切换动画】按钮，设置【缩放高度】为1.0，【缩放

宽度】为0.0，设置【颜色平衡(HLS)】效果的【亮度】为100.0；将【当前时间指示器】移动到
00:00:00:10位置，设置【缩放宽度】为50.0；将【当前时间指示器】移动到00:00:01:15位置，设
置【缩放宽度】为50.0；将【当前时间指示器】移动到00:00:02:00位置，设置【缩放宽度】为
0.0，如图7-63所示。

STEP 4 ▶ 单击【时间轴】面板的空白处，执行菜单【图形】>【新建图层】>【文本】命令。

STEP 5 ▶ 在【节目监视器】面板中设置文本内容为"网购三步走"，如图7-64所示。

◄ 图7-63

◄ 图7-64

STEP 6 ▶ 激活"网购三步走"文本素材的【基本图形】面板，设置【位置】为(640.0,320.0)，
【字体】为"微软雅黑"，【字体样式】为"粗体"，【字体大小】为60，选择【居中对齐文
本】，【填充】为(R:255,G:255,B:255)，如图7-65所示。

◄ 图7-65

STEP 7 ▶ 激活【效果】面板，将【视频过渡】>【擦除】>【划出】过渡效果添加到"网购三步
走"文本素材的入点和出点位置，如图7-66所示。

STEP 8 ▶ 分别激活2个【划出】过渡效果，在【效果控件】面板中分别设置【边缘选择器】为
"自南向北"和"自北向南"，【持续时间】为00:00:00:10，【开始】为40.0，【结束】为
60.0，如图7-67所示。

图7-66　　　　　　　　　　　　　　　　　　　　图7-67

STEP 9 将序列中所有素材的出点对齐到00:00:02:00位置。

3. 制作过程片段一

STEP 1 复制素材。将视频轨道V1和V2中00:00:00:00位置右侧的素材分别复制到视频轨道V1和V2中的00:00:02:00位置，并将视频轨道V2中素材的入点移动到00:00:02:10位置，如图7-68所示。

STEP 2 添加效果。激活视频轨道V1中00:00:02:00位置右侧的"颜色遮罩"素材，然后双击【效果】面板中的【视频效果】>【颜色校正】>【颜色平衡(HLS)】效果。

STEP 3 在【效果控件】面板中设置【颜色平衡(HLS)】效果的【色相】为120.0°。

STEP 4 激活视频轨道V2中00:00:02:10位置右侧"颜色遮罩"素材的【效果控件】面板。将【当前时间指示器】移动到00:00:02:10位置，设置【缩放高度】为11.0，【缩放宽度】为0.0；将【当前时间指示器】移动到00:00:02:20位置，设置【缩放宽度】为50.0，并删除右侧的所有关键帧，如图7-69所示。

图7-68　　　　　　　　　　　　　　　　　　　　图7-69

STEP 5 将【项目】面板中的"图片01.jpg"素材拖曳到视频轨道V3的00:00:02:00位置。

STEP 6 在【效果控件】面板中，将【当前时间指示器】移动到00:00:02:00位置，打开【位置】和【缩放】的【切换动画】按钮，设置【缩放】为200.0；将【当前时间指示器】移动到00:00:02:05位置，设置【缩放】为20.0；将【当前时间指示器】移动到00:00:02:10位置，设置【位置】为(640.0,360.0)；将【当前时间指示器】移动到00:00:02:20位置，设置【位置】为(960.0,360.0)，如图7-70所示。

▣ 图7-70

STEP 7 将【当前时间指示器】移动到 00:00:02:20位置，使用【文本工具】在【节目监视器】面板中设置文本内容为"1. 搜索产品信息"。

STEP 8 在【基本图形】面板中设置【位置】为(580.0,375.0)，【字体】为"微软雅黑"，【字体样式】为"粗体"，【字体大小】为50，选择【居中对齐文本】，【字距调整】为200，【填充】为(R:,0,G:0,B:0)，如图7-71所示。

STEP 9 激活【效果】面板，将【视频过渡】>【擦除】>【划出】过渡效果添加到"1. 搜索产品信息"文本素材的入点位置。

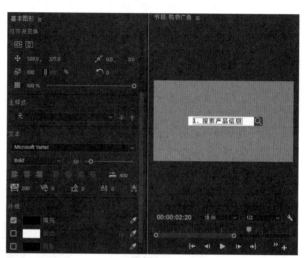

▣ 图7-71

STEP 10 将序列素材的出点对齐到00:00:05:00位置。

4. 制作过程片段二 🖋

STEP 1 复制素材。将视频轨道V1和V2中00:00:02:00位置右侧的素材分别复制到视频轨道V1和V2中的00:00:05:00位置，并将视频轨道V2中素材的入点移动到00:00:05:00位置，如图7-72所示。

STEP 2 激活视频轨道V1中00:00:05:00位置右侧的"颜色遮罩"素材。在【效

▣ 图7-72

果控件】面板中设置【颜色平衡(HLS)】效果的【色相】为90.0°，【亮度】为-20.0°，【饱和度】为50.0°。

STEP 3 激活视频轨道V2中00:00:05:00位置右侧的"颜色遮罩"素材。在【效果控件】面板中关闭【缩放宽度】的【切换动画】按钮，设置【位置】为(640.0,550.0)，【缩放高度】为5.0，【缩放宽度】为45.0，如图7-73所示。

STEP 4 复制素材。按住Alt键的同时，将视频轨道V2中00:00:05:00位置右侧的"颜色遮罩"素材拖曳到视频轨道V3的00:00:05:00位置。

STEP 5 激活视频轨道V2中00:00:05:00位置右侧的"颜色遮罩"素材。在【效果控件】面板中设置【不透明度】为20.0%。

STEP 6 将【项目】面板中的"图片02.png"素材拖曳到视频轨道V4的00:00:05:00位置。

STEP 7 继续复制素材。按住Alt键的同时，将视频轨道V4中00:00:02:20位置右侧的"1.搜索产品信息"文本素材拖曳到视频轨道V5的00:00:05:20位置。

STEP 8 将序列素材的出点对齐到00:00:08:00位置，如图7-74所示。

图7-73　　　　　　　　　　　　　　　图7-74

STEP 9 修改文本内容。在【节目监视器】面板中将文本内容修改为"2.观看产品广告"。

STEP 10 在【基本图形】面板中设置【位置】为(640.0,150.0)，如图7-75所示。

STEP 11 激活【效果】面板，按住Ctrl键，然后分别将【视频过渡】下的【滑动】>【拆分】、【擦除】>【划出】和【划像】>【圆划像】过渡效果添加到视频轨道V2、V3和V4素材的入点位置，如图7-76所示。

图7-75　　　　　　　　　　　　　　　图7-76

提 示

过渡效果作用于两个素材之间，称为双面过渡。作用于单个素材，称为单面过渡。当按住Ctrl键并将过渡效果拖曳到两个素材之间时，会切换为单面过渡效果。

STEP 12 分别设置【拆分】和【圆划像】过渡效果的【持续时间】为00:00:00:10，【划出】过渡效果的【持续时间】为00:00:01:05。

5. 制作过程片段三 🖊

STEP 1 复制素材。将视频轨道V1中00:00:05:00位置右侧的素材复制到视频轨道V1的00:00:08:00位置。

STEP 2 激活视频轨道V1中00:00:08:00位置右侧的"颜色遮罩"素材。在【效果控件】面板中设置【颜色平衡(HLS)】效果的【色相】为-30.0°，【亮度】为-20.0°，【饱和度】为100.0°。

STEP 3 将【项目】面板中的"图片03.png"素材拖曳到视频轨道V2的00:00:08:00位置。

STEP 4 激活"图片03.png"素材的【效果控件】面板，将【当前时间指示器】移动到00:00:08:00位置，打开【缩放】的【切换动画】按钮，设置【位置】为(640.0,280.0)，【缩放】为0.0；将【当前时间指示器】移动到00:00:08:10位置，设置【缩放】为100.0，如图7-77所示。

STEP 5 复制素材。按住Alt键的同时，将视频轨道V4中00:00:05:20位置右侧的"2.观看产品广告"文本素材拖曳到视频轨道V3的00:00:08:05位置。

STEP 6 将序列素材的出点对齐到00:00:10:00位置，如图7-78所示。

🔲 图7-77

🔲 图7-78

STEP 7 修改文本内容。在【节目监视器】面板中将文本内容修改为"3.网络下单"。

STEP 8 在【基本图形】面板中设置【位置】为(640.0,600.0)，如图7-79所示。

6. 制作片尾 🖊

STEP 1 将【项目】面板中的"颜色遮罩"素材拖曳到视频轨道V1的00:00:10:00位置。

STEP 2 将【当前时间指示器】移动到00:00:10:00位置，使用【文本工具】在【节目监视器】面板中设置文本内容为"今天，你网购了吗？"。

🔲 图7-79

STEP 3 在【基本图形】面板中设置【位置】为(640.0,300.0)，【字体】为"微软雅黑"，【字体样式】为"粗体"，【字体大小】为80，选择【居中对齐文本】，【字距调整】为200，【填充】为(R:255,G:255,B:255)，如图7-80所示。

图7-80

STEP 4 激活【效果控件】面板，将【当前时间指示器】移动到00:00:10:00位置，打开【缩放】的【切换动画】按钮，设置【缩放】为100.0；将【当前时间指示器】移动到00:00:12:24位置，设置【缩放】为110.0，如图7-81所示。

图7-81

STEP 5 将【项目】面板中的"背景音乐.mp3"素材拖曳到音频轨道A1上，并将视频轨道素材的出点与之对齐，如图7-82所示。

图7-82

7.　查看最终效果

在【节目监视器】面板中查看最终画面效果，如图7-83所示。

◀ 图7-83

7.3.3 技术总结

　　通过本案例的制作，读者应该已经掌握视频广告的制作方法了。本案例中的技巧在于只创建了一个背景板，但通过【颜色平衡(HLS)】效果快速地变幻出多个不同颜色的背景。这样可以节省【项目】面板中素材所占用的空间，也方便随时调整背景颜色。另一个技术难点在于添加单面过渡效果。一般默认的过渡效果是双面过渡效果，但是在00:00:05:00位置右侧的素材不想受左侧素材的影响，此时就需要使用单面过渡技巧了，配合键盘上的Ctrl键就可以实现这一效果。